家装配色全能图典

◎ 锐扬图书 编

+客　厅
+玄关走廊
+卫浴间

（上）

海峡出版发行集团 | 福建科学技术出版社
THE STRAITS PUBLISHING & DISTRIBUTING GROUP | FUJIAN SCIENCE & TECHNOLOGY PUBLISHING HOUSE

图书在版编目(CIP)数据

家装配色全能图典.上/锐扬图书编.—福州：福建科学技术出版社，2019.6

ISBN 978-7-5335-5853-6

Ⅰ.①家… Ⅱ.①锐… Ⅲ.①住宅–室内装饰设计–图集 Ⅳ.① TU241-64

中国版本图书馆 CIP 数据核字（2019）第 063996 号

书　　名	家装配色全能图典（上）	
编　　者	锐扬图书	
出版发行	福建科学技术出版社	
社　　址	福州市东水路76号（邮编350001）	
网　　址	www.fjstp.com	
经　　销	福建新华发行（集团）有限责任公司	
印　　刷	福建彩色印刷有限公司	
开　　本	700毫米×1000毫米　1/16	
印　　张	14	
图　　文	224码	
版　　次	2019年6月第1版	
印　　次	2019年6月第1次印刷	
书　　号	ISBN 978-7-5335-5853-6	
定　　价	68.00元	

书中如有印装质量问题，可直接向本社调换

目录 Contents

客 厅 / 001

客厅的色彩搭配要点　002

北欧风格客厅配色　003

1 冷色系在北欧风格客厅中的运用　003

2 无彩色系在北欧风格客厅中的运用　007

3 原木色在北欧风格客厅中的运用　011

4 明亮色彩在北欧风格客厅中的运用　015

现代简约风格客厅配色　017

1 对比色在现代风格客厅中的运用　017

2 无彩色系在现代风格客厅中的运用　021

3 高纯度色彩在现代风格客厅中的运用　026

4 米色系在现代风格客厅中的运用　029

中式风格客厅配色　033

1 红色系在中式风格客厅中的运用　033

2 棕色系在中式风格客厅中的运用　037

3 无彩色系在中式风格客厅中的运用　041

4 米色系在中式风格客厅中的运用　045

欧式风格客厅配色　049

1 白色系在欧式风格客厅中的运用　049

2 米色系在欧式风格客厅中的运用　052

3 棕色系在欧式风格客厅中的运用　054

4 金属色系在欧式风格客厅中的运用　057

5 华丽色调在欧式风格客厅中的运用　061

地中海风格客厅配色　065

1 蓝色系在地中海风格客厅中的运用　065

2 木色在地中海风格客厅中的运用　069

3 大地色系在地中海风格客厅中的运用　071

4 多彩色在地中海风格客厅中的运用　075

5 绿色系在地中海风格客厅中的运用　078

美式风格客厅配色　081

1 大地色系在美式风格客厅中的运用　081

2 无彩色系在美式风格客厅中的运用　085

3 米色系在美式风格客厅中的运用　089

4 多彩色在美式风格客厅中的运用　093

田园风格客厅配色　097

1 绿色系在田园风格客厅中的运用　097

2 大地色系在田园风格客厅中的运用　101

3 白色系在田园风格客厅中的运用　105

4 米色系在田园风格客厅中的运用　108

5 低纯度色彩在田园风格客厅中的运用　111

目录 Contents

玄关走廊 / 113

玄关走廊的色彩搭配要点   114

北欧风格玄关走廊配色   115

   1 冷色系在北欧风格玄关走廊中的运用   115

   2 木色在北欧风格玄关走廊中的运用   117

   3 无彩色系在北欧风格玄关走廊中的运用   119

   4 明亮色彩在北欧风格玄关走廊中的运用   120

现代简约风格玄关走廊配色   121

   1 无彩色系在现代风格玄关走廊中的运用   121

   2 米色系在现代风格玄关走廊中的运用   123

   3 高纯度色彩在现代风格玄关走廊中的运用   125

   4 棕色系在现代风格玄关走廊中的运用   127

中式风格玄关走廊配色   129

   1 红色系在中式风格玄关走廊中的运用   129

   2 棕色系在中式风格玄关走廊中的运用   130

   3 无彩色在中式风格玄关走廊中的运用   132

   4 米色在中式风格玄关走廊中的运用   133

   5 华丽色彩在中式风格玄关走廊中的运用   134

欧式风格玄关走廊配色   135

   1 白色系在欧式风格玄关走廊中的运用   135

   2 棕色系在欧式风格玄关走廊中的运用   137

   3 米色系在欧式风格玄关走廊中的运用   138

   4 金属色在欧式风格玄关走廊中的运用   139

   5 华丽色在欧式风格玄关走廊中的运用   141

地中海风格玄关走廊配色   143

   1 蓝色在地中海风格玄关走廊中的运用   143

   2 大地色系在地中海风格玄关走廊中的运用   146

   3 白色系在地中海风格玄关走廊中的运用   147

   4 多种色彩在地中海风格玄关走廊中的运用   148

美式风格玄关走廊配色   149

   1 大地色系在美式风格玄关走廊中的运用   149

   2 白色系在美式风格玄关走廊中的运用   151

   3 米色系在美式风格玄关走廊中的运用   153

   4 多种彩色在美式风格玄关走廊中的运用   155

田园风格玄关走廊配色   157

   1 绿色系在田园风格玄关走廊中的运用   157

   2 白色系在田园风格玄关走廊中的运用   159

   3 米色系在田园风格玄关走廊中的运用   160

   4 大地色系在田园风格玄关走廊中的运用   161

   5 低纯度色彩在田园风格玄关走廊中的运用   162

目录 Contents

卫浴间 / 163

卫浴间的色彩搭配要点   164

北欧风格卫浴间配色   165

1 冷色系在北欧风格卫浴间中的运用   165

2 无彩色系在北欧风格卫浴间中的运用   167

3 米色系在北欧风格卫浴间中的运用   169

4 明亮色彩在北欧风格卫浴间中的运用   170

现代简约风格卫浴间配色   171

1 无彩色在现代风格卫浴间中的运用   171

2 金属色在现代风格卫浴间中的运用   173

3 高纯度色彩在现代风格卫浴间中的运用   175

4 米色系在现代风格卫浴间中的运用   177

中式风格卫浴间配色   179

1 红色在中式风格卫浴间中的运用   179

2 棕色系在中式风格卫浴间中的运用   181

3 无彩色在中式风格卫浴间中的运用   182

4 米色系在中式风格卫浴间中的运用   184

5 华丽色彩在中式风格卫浴间中的运用   186

欧式风格卫浴间配色   187

1 白色系在欧式风格卫浴间中的运用   187

2 米色系在欧式风格卫浴间中的运用   189

3 大地色系在欧式风格卫浴间中的运用   191

4 金色在欧式风格卫浴间中的运用   193

5 华丽色彩在欧式风格卫浴间中的运用   194

地中海风格卫浴间配色   195

1 蓝色在地中海风格卫浴间中的运用   195

2 绿色在地中海风格卫浴间中的运用   198

3 大地色系在地中海风格卫浴间中的运用   199

4 白色在地中海风格卫浴间中的运用   201

美式风格卫浴间配色   203

1 大地色系在美式风格卫浴间中的运用   203

2 白色系在美式风格卫浴间中的运用   205

3 米色系在美式风格卫浴间中的运用   207

4 多彩色在美式风格卫浴间中的运用   209

田园风格卫浴间配色   211

1 绿色在田园风格卫浴间中的运用   211

2 大地色在田园风格卫浴间中的运用   213

3 米色系在田园风格卫浴间中的运用   215

4 白色系在田园风格卫浴间中的运用   216

附录-不同风格的色彩搭配特点   217

目录 Contents

🎓 关于色彩的知识－上

什么是色彩的三种属性 / 002
色相、明度、饱和度是色彩的三种属性……

什么是色相 / 008
色相是色彩的首要特征……

什么是饱和度 / 018
饱和度又称纯度或彩度……

什么是明度 / 025
明度是指色彩的明亮程度……

什么是暖色系 / 032
在色环中，红、橙一边的色相被称为暖色……

什么是冷色系 / 040
冷色系给人一种安静、沉稳、踏实的感觉……

什么是无彩色系 / 048
无彩色系是指白色……

什么是有彩色系 / 056
有彩色系简称彩色系……

什么是中性色 / 064
中性色是介于红、黄、蓝之间的颜色……

什么是近似色 / 072
近似色是指同类别色彩或相近的不同类别的色彩……

什么是互补色 / 080
在色环上处于180°直线上的颜色就被称为互补色……

什么是对比色 / 088
对比色就是将两种可以明显区分的色彩搭配在一起……

什么是同相型色彩 / 096
同相型是指在同一个色相中……

什么是前进色 / 104
通常来讲，暖色调的颜色属于前进色……

什么是后退色 / 112
与前进色相对应的是后退色……

室内色彩搭配之主题色的定义 / 118
一般来说，主题色在室内的比例面积不一定最大……

室内色彩搭配之辅助色的定义 / 126
同一空间内不会只有一种颜色……

室内色彩搭配之背景色的定义 / 131
背景色常指室内的墙面、地面……

室内色彩搭配之点缀色的定义 / 140
顾名思义，点缀色比起主题色与辅助色……

室内色彩构成的基本原则一 / 148
形式和色彩服从功能……

室内色彩构成的基本原则二 / 156
力求符合空间构图需要……

室内色彩构成的基本原则三 / 158
利用室内色彩，改善空间效果……

如何重复运用主题色 / 166
同色调的搭配空间中……

如何让运用主题色更有凝聚力 / 174
在进行室内配色前……

如何正确选择主题色 / 180
进行多色调配色时……

如何正确使用相近色 / 196
将相近色使用在局部装饰上……

多色调的点缀使用法 / 198
多色调空间的用色不必一味求多……

深色调的正确使用 / 206
深色调空间配色的主题色大多会选择低明度……

深浅过渡搭配可以避免压抑感 / 214
大量的深色很容易让人产生压抑感……

客厅

北欧风格003~016/现代简约风格017~032

中式风格033~048/欧式风格049~064

地中海风格065~079/美式风格081~096

田园风格097~112

客厅的色彩搭配要点

客厅是家庭装修的重地,从此处能通向所有房间,因此在色彩选择方面应做到与风格统一。由于客厅的空间一般较大,所需放置的物品也多,所以客厅的背景色,如墙面、地面、吊顶等,应选择包容性大并能与窗帘、沙发、电视墙相协调的色彩,如白色或浅米色等。此外,有的家庭会把就餐区放到客厅,那么就要考虑就餐区是否需要单独的灯和暖色调的背景墙。

关于色彩的知识

什么是色彩的三种属性

色相、明度、饱和度是色彩的三种属性。它们互相依存、互相制约,很难截然分开;其中任意一个属性的改变,都将导致色彩个性的变化;但它们又互相区别,拥有独立意义,因此从概念上要严格分开。

北欧风格客厅配色

· 配色解析

黄色与蓝色的点缀,让整个客厅空间的色彩氛围更加活跃。

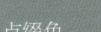

1 冷色系在北欧风格客厅中的运用

蓝色作为背景墙的主色调

蓝色给人一种纯净、清新的感觉,北欧风格的客厅中,运用蓝色作为主题色是十分经典的配色手法。将蓝色用于沙发墙、电视墙,与浅灰色、浅木色搭配,能够表现出北欧风格柔和、细腻的味道。

• **配色解析**

沙发背景墙的蓝色在视觉上给人一种后退感，非常适合在小面积的空间中运用，同时与黄色、白色的对比也让客厅配色更明快。

小客厅的配色宜淡不宜浓

小面积的客厅配色最好不要超过三种，其中白色、黑色不算。在没有设计指导的情况下，家居最佳配色方案是：墙浅、地中、家具深。想制造明快简洁的北欧风格的家居氛围，应尽量少选择一些印花的东西，素色是最佳选择。

淡冷色与白色打造北欧风格居室的清爽感

由于白色与淡蓝色、天蓝色、淡绿色等淡冷色的对比感相对较弱，可以给人带来一种清新、爽快的感觉。因此，想要打造清新、明快的居室氛围，可选用淡冷色为配色主体，再与白色进行组合，白色可做背景色，也可做主题色。

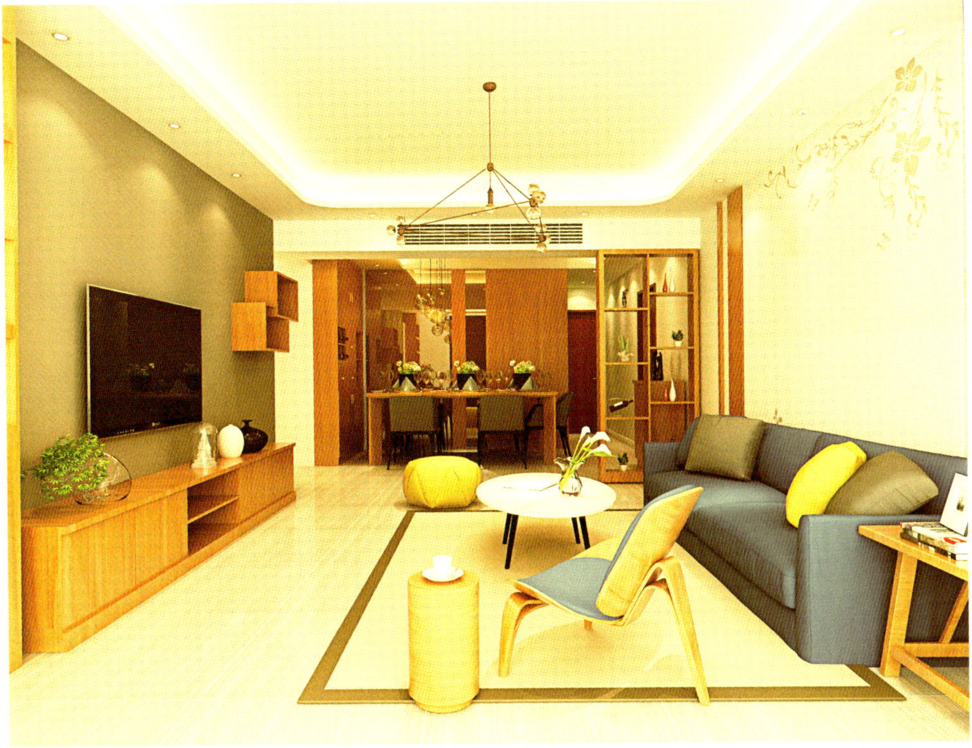

主题色

辅助色

点缀色

点缀色

背景色

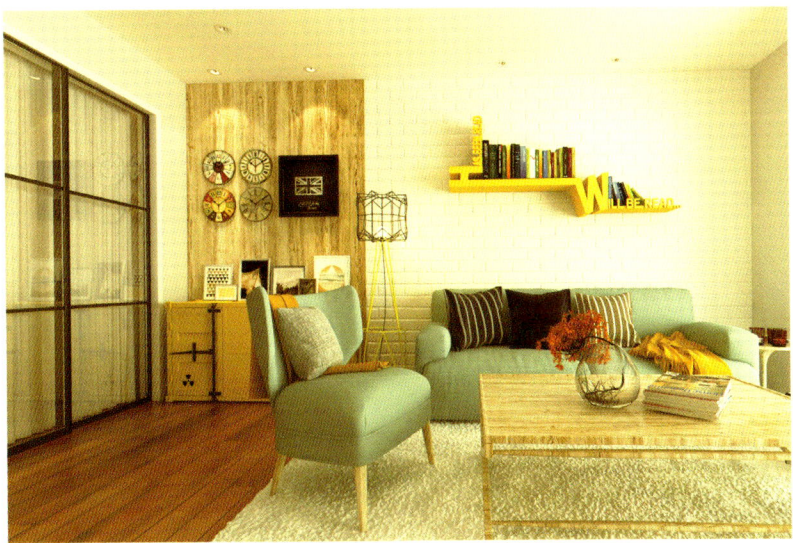

绿色使北欧风情更加自然

偏中性色的绿色系与蓝色相比，清新中又带有几分自然感，可以令家居氛围显得更加惬意，又不会让人觉得过于冷清。在运用时，与大量的白色或木色进行组合，可以轻易地塑造出清新自然的居室氛围。

主题色

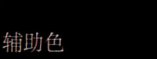
辅助色

点缀色

点缀色

背景色

2 无彩色系在北欧风格客厅中的运用

• **配色解析**

无彩色+暗暖色的配色手法展现了北欧风格家居纯净、质朴的特点。

主题色

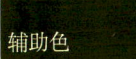
辅助色

点缀色

点缀色

背景色

灰色系与浅色调的搭配

　　灰色、蓝灰、茶灰及浅灰色等灰色调的色彩,不仅具有素雅感,同时还更能表现出时尚、细腻的感觉,与淡冷色系相比更能彰显舒适、干练的感觉。灰色系在运用时,可与白色、浅米色搭配,打造出极佳的素雅感。

主题色

辅助色

点缀色

点缀色

背景色

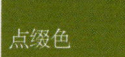

• 配色解析

软装元素中不同明度的灰色让空间的色彩层次更加分明,也弱化了黑色与白色强烈的对比感。

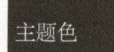

关于色彩的知识

什么是色相

色相是色彩的首要特征,是色彩所呈现出来的质的面貌。除了黑、白、灰,其他的所有颜色都有色相的属性,自然中的色相都是由红、黄、蓝三原色演化而来的。

白色系让客厅更清新、纯粹

纯白色有整洁、明亮的特点，而米白色、象牙白、奶白色等则多了一分柔和、细腻的感觉。在北欧风格的客厅中，白色系常与木色、灰色、黑色、蓝色、棕色等进行搭配，表现出清新、纯粹的色彩印象。

主题色	
辅助色	
点缀色	背景色

主题色	
辅助色	
点缀色	
点缀色	背景色

无彩色系与棕色系的搭配

北欧风格客厅中的棕色系主要包含了咖啡色、茶色、浅棕色、棕色等,它们最常见的搭配方式是与白色或灰色穿插运用,偶尔点缀一点黑色或明快的亮色,令居室氛围朴素又具有暖意。

主题色
辅助色
点缀色
背景色

主题色
辅助色
点缀色
点缀色
背景色

• 配色解析

不同明度的棕色在白色的衬托下,让配色效果更显稳重。

3. 原木色在北欧风格客厅中的运用

主题色
辅助色
点缀色
点缀色　背景色

• 配色解析

大量的木质元素为客厅注入了不可或缺的暖意。

原木色与棕色系打造温润、厚重的北欧风格客厅

木材是北欧风格居室中十分常见的装饰材料，因此，原木色也是北欧风格配色中最经典的色调。运用咖啡色、茶色、棕色等棕色系的色彩与淡淡的原木色进行搭配，可以增添色彩的稳重感，打造温润、厚重的北欧风格客厅。

主题色
辅助色
点缀色
点缀色　背景色

• 配色解析

木质家具与地板的纹理清晰自然，让待客空间的色彩氛围格外富有暖意。

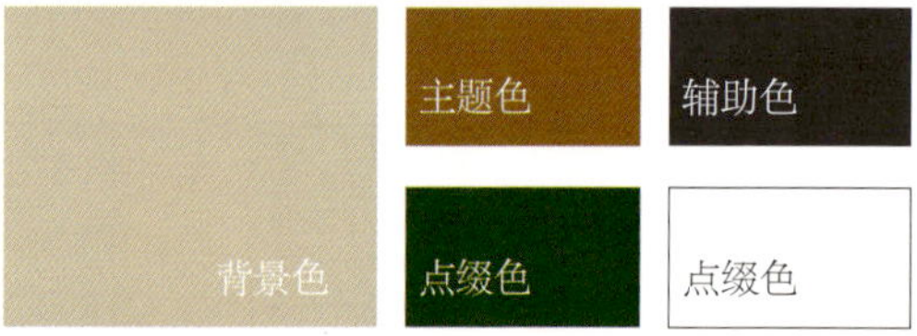

主题色	辅助色
背景色	点缀色 点缀色

· 配色解析

棕色作为主题色的客厅，略显沉稳，在浅木色与白色的调和下，多了一份明快、清雅之感。

主题色

主题色

辅助色

点缀色　背景色

原木色搭配米色,让北欧客厅更加和谐、舒适

原木色与米色的搭配,可以让客厅的氛围更加和谐、舒适。木色与米色的搭配属于同色调搭配,在运用时,可以通过装饰材料不同的触感与视觉效果来凸显色彩的层次感。

• **配色解析**

暖色抱枕及装饰画的点缀,让色彩更有层次感。

原木色与白色打造北欧风格的洁净感

北欧风格中的原木色常与大面积的白色进行组合搭配，原木色通常在木质家具、木质边框的元素中出现，此种配色方式十分适用于面积较小的客厅，大面积的白色可使空间更显宽敞、整洁，而温润的木色又能为空间增添雅致感。

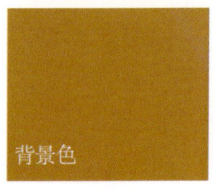

- **配色解析**

木质家具及地板的颜色起到了稳定空间重心的作用，缓解了大面积的白色所带来的轻浮感。

4. 明亮色彩在北欧风格客厅中的运用

高明度色彩的辅助与点缀

在客厅色彩搭配中，常运用高明度、高纯度的亮色进行点缀，利用色彩的对比或互补让色彩搭配更有层次感。在北欧风格客厅中，常以黄色、绿色等明快的色彩搭配白色或灰色，它们的使用面积并不大，但足以令空间不显单调又有时尚感。

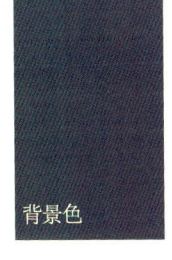

背景色	主题色	辅助色
	点缀色	点缀色

• **配色解析**

明黄色的点缀，为冷色系的空间增添了一份暖意，同时与蓝色形成对比，让色彩效果更加活跃。

现代简约风格客厅配色

• 配色解析

无彩色系的组合运用最能突出现代风格的时尚感。

1. 对比色在现代风格客厅中的运用

利用色彩的对比增添客厅活跃感

对比色可以使现代风格的客厅显得时尚与活泼。通常来讲，色相对比色的视觉效果较为强烈，大多用于点缀使用，如小型家具、抱枕、花草等；而视觉效果较为柔和的明度对比色，对人的视觉冲击力不大，可以适当地扩大使用面积。

• 配色解析

多种色彩的对比运用，充分展现了现代风格用色的大胆。

主题色

辅助色

点缀色

点缀色　背景色

关于色彩的知识

什么是饱和度

　　饱和度又称纯度或彩度，指色彩的鲜艳程度。在家居配色中，饱和度高的颜色给人感觉活泼，加入白色调和则让人觉得柔和，加入黑色调和可让人感觉沉稳。

无彩色在对比配色中的运用

无彩色包括黑色、白色、灰色、金色与银色,它们可以与任何一种颜色形成对比。在现代风格客厅中,大多运用黑色与白色的对比以彰显空间的明快感,相比之下白色与灰色的对比则更显柔和。

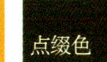

• 配色解析

橙色的点缀,让黑色与白色的对比更加明快,也使客厅的配色效果更加活跃。

运用多种颜色的混合对比，营造热闹的空间氛围

多种色彩冷暖、明暗的对比搭配，可以创造出一个特立独行的客厅，让待客空间的氛围更加热闹、活泼。这种搭配方法如果在空间中运用不当，会使人的感受过于刺激，最保险的方法是将其运用在软装上，如工艺摆件、装饰画、抱枕等。

主题色
辅助色
点缀色
点缀色
背景色

主题色　辅助色
背景色　点缀色　点缀色

· 配色解析

红色与绿色、黄色与蓝色、黑色与白色的对比，让客厅的层次分明，也彰显了现代风格的用色特点。

2. 无彩色系在现代风格客厅中的运用

• **配色解析**

沉稳的黑色在客厅的配色方案中有着稳定空间重心的作用。

柔和、时尚的白色与深灰色

在无彩色系中，白色与深灰色的搭配属于轻对比色，十分适合现代风格客厅运用。在配色时，可以充分利用深灰色给人内敛与沉稳的感受，搭配具有扩张感的白色，既能打造出时尚、现代的整体氛围，又能缓解白色的空旷感。

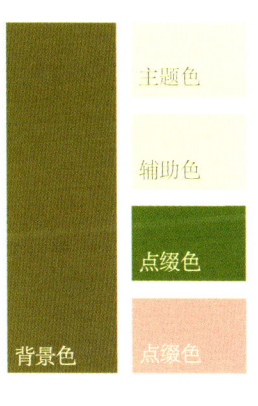

• **配色解析**

高级灰的运用凸显了现代风格的时尚与睿智。

主题色	辅助色
背景色	点缀色	点缀色

• **配色解析**

白色与米色的包容，让以灰色为主题色的客厅配色显得更加坚实、稳定。

主题色	
辅助色	
点缀色	
点缀色	背景色

• **配色解析**

深灰色布艺沙发简洁大气，是整个客厅设计的焦点。

黑、白、灰三色在现代风格客厅中的搭配运用

　　黑色与白色在搭配时应注意在使用比例上的合理性与分配的协调性，过多的黑色会使客厅失去应有的温馨。配色时可大面积运用白色，再以黑色作为点缀，这样的效果显得鲜明又干净。另外，还可以适量地运用一些灰色进行调和，以达到缓解黑白对比的强烈冲击和柔化黑白风格的冷硬感的目的。

辅助色

点缀色　背景色

主题色　辅助色

背景色　点缀色　点缀色

- **配色解析**

色彩明快的抽象装饰画大大提升了整个空间的配色层次，也使整个空间的配色效果更加活跃。

小面积的客厅宜选用白色为背景色

白色是明度最高的颜色，能给人带来明快、纯真、洁净的视觉感受，很能彰显出现代风格简洁、优雅、安静的风格特点。另外，白色还具有扩大空间面积的作用，因此，面积较小的客厅十分适合以白色作为背景色。

- **配色解析**

白色的背景色与主题色,在视觉上有很好的扩张感,很好地缓解了小客厅的局促感。

关于色彩的知识

什么是明度

明度是指色彩的明亮程度,明度越高的色彩越明亮,明度越低的色彩越暗淡。色彩的明度变化往往会影响到饱和度,如红色加入黑色后明度降低了,同时饱和度也降低了;如果红色加入白色则明度提高了,饱和度却降低了。

3. 高纯度色彩在现代风格客厅中的运用

合理地运用绿色，让现代风格客厅更显清新

绿色具有醒目、跳跃的视觉效果，能为空间增添无限的清新感。在实际运用中，应根据客厅的实际使用面积作合理分配。如客厅的面积较大，则可以作为主题色或背景色大面积使用；如客厅面积较小，则应适当减少，只作点缀运用即可。

主题色　辅助色　点缀色　点缀色　背景色

• **配色解析**

大块草绿色地毯的运用，让整个客厅的色彩层次更加活跃，氛围也更加轻松。

辅助色
点缀色
点缀色
背景色

红色的点缀让现代风格客厅尽显活泼

红色是一个十分有活力的颜色，象征着朝气、健康、热情、奔放。在现代风格客厅中被大胆地运用于主题色、背景色或是点缀色中，可与大面积的米色、白色或少量的冷色、深色相搭配，塑造出亮丽、活泼、热情的待客氛围。

主题色
辅助色
点缀色
点缀色
背景色

高明度亮色的点缀

高明度的橙色、黄色、红色、绿色等色彩在现代风格客厅配色中十分常见，如布艺抱枕、装饰画、花草、灯罩、小型家具等软装元素都会选用明快的亮色，以起到点缀空间色彩、活跃空间氛围的作用。

背景色　主题色　辅助色　点缀色　点缀色

• 配色解析

柠檬黄的运用，很好地活跃了客厅空间的氛围，并不十分刺目，反而营造出温馨、和谐的感觉。

4. 米色系在现代风格客厅中的运用

主题色
辅助色
点缀色
点缀色
背景色

米色系的同色调搭配

低纯度的米色给人一种温暖、舒适的感觉。驼色、茶色、卡其色等同色调的颜色相搭配，可以创造一个平静、舒适的待客氛围。一方面可以通过装饰材料的不同来体现色彩层次感，另一方面可以适当地添加一些冷色或暖色进行调节，让客厅的配色更加和谐。

主题色
辅助色
点缀色
点缀色
点缀色

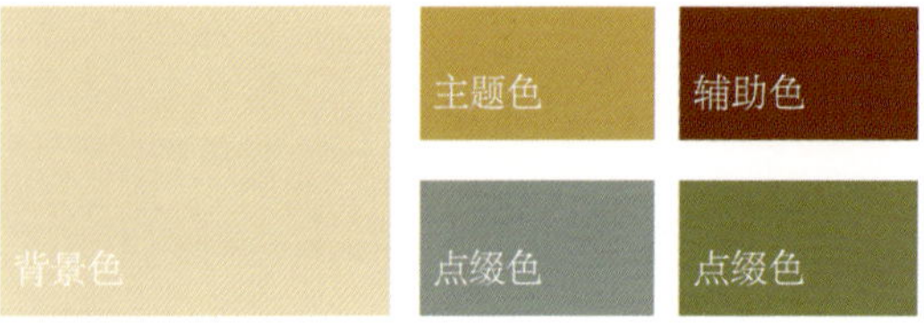

• 配色解析

抛光地砖、皮质沙发、乳胶漆的同色相，体现空间设计的同时也不乏层次感。

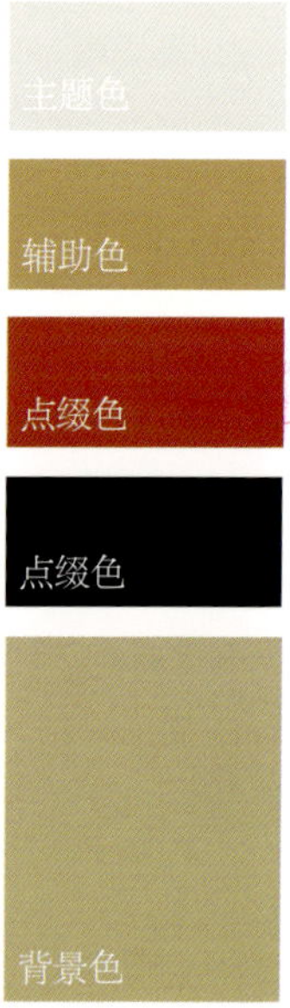

米色与白色打造温馨的空间氛围

在一些现代风格客厅中,硬装的设计很简单,甚至不需要一整面的背景墙,但是墙面色彩的选择却对整个空间的装饰效果起到决定性作用。例如白色的背景色,提亮整个客厅,再搭配米色调的沙发,则为简洁、大气的客厅增添了一份温馨。

 主题色

 辅助色

 点缀色

 点缀色   背景色

| 背景色 | 主题色 | 辅助色 |
| 点缀色 | 点缀色 |

• **配色解析**

白色为背景色、米色为主题色的配色手法,使客厅的氛围更加简洁、温馨。

米色与灰色或黑色的搭配,让客厅配色更有层次

为体现现代风格简约、温馨的空间氛围,多数客厅都会选用米色调的材料进行墙面和地面的装饰,以彰显硬装部分的简洁与大气。而空间的色彩层次则更多体现在软装饰品中,在软装元素中适当地融入少量的灰色或黑色,来提升配色层次。

主题色
辅助色
点缀色
点缀色
背景色

主题色
辅助色
点缀色
点缀色
背景色

关于色彩的知识

什么是暖色系

在色环中,红、橙一边的色相被称为暖色。出于人们的心理和感情联想,暖色会使人联想到太阳、火焰、热血、愉快、明亮等词语,因此给人们一种温暖、热烈、活跃的感觉。

中式风格客厅配色

1. 红色系在中式风格客厅中的运用

红色主题色彰显古典中式的雍容华贵

传统的东方印象以红色最具有代表性，红色寓意吉祥、雍容优雅。使用红色系作为客厅空间的背景色与主题色，可以很好地营造出具有传统中国特色的家居氛围。

| 主题色 | 辅助色 |

· 配色解析

白色与红色搭配,再加入深棕色木质家具,让客厅的色彩层次感更加明快。

| 背景色 | 点缀色 | 点缀色 |

主题色

辅助色

点缀色

点缀色

背景色

红色在中式风格客厅中的点缀运用

运用红色作为点缀色的配色手法，十分适用于面积相对较小的客厅。例如一盏红色宫灯、几只红色布艺抱枕的运用，都可以为空间增添一份喜庆之感，同时还能一定程度上丰富空间配色内容。

主题色	
辅助色	
点缀色	背景色

- **配色解析**

有时候红色的使用面积不需要很大，就能为古朴、典雅的空间增添一份喜庆质感。

背景色	主题色	主题色
	辅助色	点缀色

主题色	辅助色

背景色	点缀色	点缀色

• 配色解析

将红色的明度提高、饱和度降低,所营造出的空间氛围更加浪漫。

主题色

辅助色

点缀色

点缀色

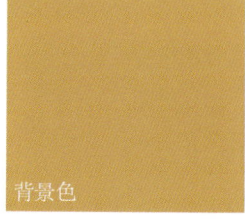
背景色

2. 棕色系在中式风格客厅中的运用

红棕色演绎奢华大气的中式客厅

在中式风格客厅的软装搭配中，大多会采用大量的木质家具，因此，红棕色作为客厅的主题色十分常见。另外，木质面板或木质地板也都会选用红棕色，以彰显中式风格客厅的奢华与大气。

黄棕色演绎低调内敛的中式客厅

相比红棕色的奢华大气，黄棕色则显得更加低调、内敛。在实际应用中，如果客厅中大量的木质元素都选用了黄棕色，那么在选择布艺或其他装饰品时，应尽量选用明快一点的颜色与其搭配，以达到调和色彩层次的目的。

主题色

主题色

辅助色

点缀色

背景色

背景色	主题色	主题色
	点缀色	点缀色

- **配色解析**

纹理清晰、色彩典雅的木质家具及饰面板，烘托出整个空间厚重、古朴的韵味。

背景色	主题色	辅助色
	点缀色	点缀色

- **配色解析**

浅黄棕色的木质家具与布艺装饰采用同色调搭配手法，体现了中式风格设计的整体感。

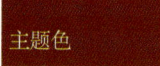

- **配色解析**

壁纸与木质边框通过自身材质的不同，让主题墙面的色彩搭配更有层次。

关于色彩的知识

什么是冷色系

冷色系给人一种安静、沉稳、踏实的感觉，能够营造出宁静安详的家居氛围。冷色系主要包括青、蓝、绿、紫等色彩。

3. 无彩色系在中式风格客厅中的运用

白色体现新中式的淡雅韵味

相比传统中式风格色彩鲜明、富有民俗意味的配色，新中式风格则多以清淡、自然的色彩为主。如以白色作为背景色，再适当地搭配一些或冷或暖、或明或暗的色彩，很能体现出主人的含蓄与沉稳，极富淡雅韵味。

· 配色解析

深色家具及地毯的运用,使浅色调为主色的客厅重心更加稳定,简约不失雅致。

背景色　　主题色　　辅助色　　点缀色　　点缀色

无彩色系的搭配，演绎新中式的简洁

中式风格中的无彩色主要包括黑色、白色、灰色三种。以其中的两种或三种作为客厅的主要配色，所展现出的是朴素、自然的新中式风格特点。在实际运用时，为避免过于单调，可以适当地加入红色、蓝色等作为点缀。

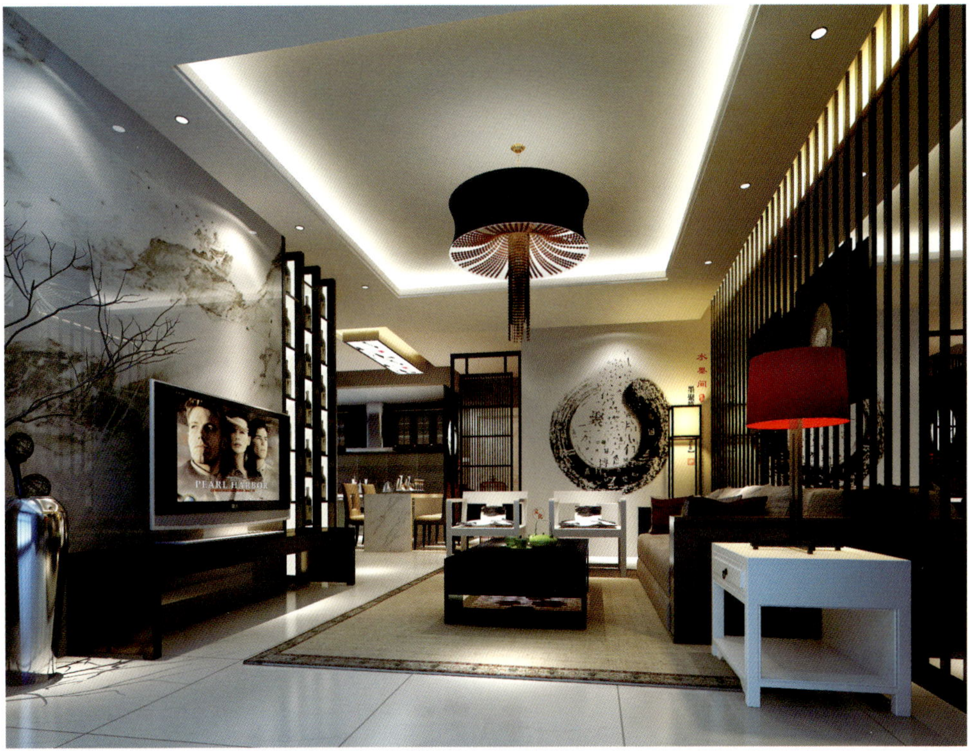

主题色

主题色

辅助色

点缀色

背景色

• 配色解析

无彩色系为主色的客厅中,采用蓝色、绿色、黄色的软装元素进行点缀,避免了配色的单调。

4. 米色系在中式风格客厅中的运用

米色调让客厅氛围更加亲切、朴素

米色可谓是新中式风格中最常见的色彩,它可以作为主题色或背景色运用在客厅中。米色常与白色、棕色等进行组合搭配,既能缓解白色给人的直白感,又能调节棕色的沉闷感,让客厅的氛围更加柔和、亲切。

黄色调演绎传统中式的富贵气息

黄色在中国传统配色中有着仅次于红色的崇高地位，它象征着皇权，是极富富贵气息与传统意蕴的色彩。在实际运用中，纯正的黄色多体现在布艺织物中，起画龙点睛的作用；而米黄色的明度与饱和度较低，则可以作为主题色或背景色大面积使用。

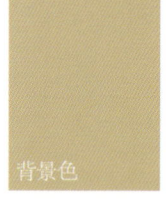

米白色凸显传统中式的简洁美

　　米白色是一种介于纯白色与米色之间的色彩，它一方面有着白色的洁净感，另一方面有着米色的温暖气息。在中式风格客厅中，选用米白色与黑色或棕色等深色调进行搭配，既能凸显色彩层次，又能展现中式风格不可或缺的简洁美。

关于色彩的知识

什么是无彩色系

　　无彩色系是指白色、黑色和由白色、黑色调和形成的各种深浅不同的灰色。按照一定的变化规律，可以排成一个系列，由白色渐变到浅灰、中灰、深灰再到黑色，这个系列被称为黑白系列。此外，金色、银色也属于无彩色系。

欧式风格客厅配色

1. 白色系在欧式风格客厅中的运用

白色系主题彰显现代欧式风格的明快

现代欧式风格的色彩搭配多以纯白色、象牙白、奶白色等白色系作为主题色，力求营造出一个简洁、明快的居室氛围。在实际搭配中，大面积的白色系会产生一定的单调感，可以适当地融入一些深色或淡色来丰富空间的视觉效果。

主题色	辅助色
背景色	点缀色 / 点缀色

• 配色解析

纯白色背景与浅灰白色的沙发，微弱的色彩层次，烘托出新欧式风格客厅的简洁感。

+客厅　051

主题色
辅助色
点缀色
点缀色
背景色

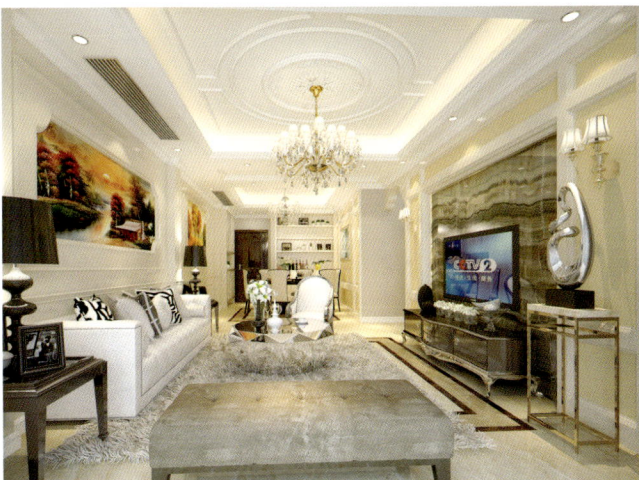

主题色
辅助色
点缀色
点缀色
背景色

主题色
辅助色
点缀色
点缀色
背景色

2. 米色系在欧式风格客厅中的运用

以米色系为主的欧式风格客厅

利用米色、米黄色或米白色作为欧式风格客厅的背景色或主题色,可以营造出一个淡雅、温馨的空间氛围。米色是一种既能调节棕色的沉稳,又能缓解白色单调感的色彩,同时与其他明快、华丽的色彩相搭配,则更能彰显欧式风格客厅明媚、时尚的特点。

| 背景色 | 主题色 | 辅助色 |

• 配色解析

通过调整米色的明度来体现客厅色彩的层次感,也让整个氛围更加和谐、舒适。

| | 点缀色 | 点缀色 |

| 背景色 | 主题色 | 辅助色 |

• 配色解析

同色调的配色中,适当地使用一点深色,能让配色效果更加和谐、更有层次感。

| | 点缀色 | 点缀色 |

3 棕色系在欧式风格客厅中的运用

棕色系彰显古典欧式的厚重感

在传统古典欧式风格客厅中，对于实木装饰材料的运用频率很高，因此棕色系成为古典欧式风格中常见的色彩，它既能体现古典欧式古朴的韵味，又能体现客厅配色的厚重感。

深浅有致的棕色系组合运用

棕色系作为客厅配色的主色调,既能做硬装的基调,又可用于布艺及家具。在实际应用中,为体现色彩搭配的和谐,家具可以采用深色的木质边框,再搭配浅色的布艺或皮质,便能体现出色彩深浅搭配的协调性。此外,如果布艺家具采用与墙面、地面同色系的浅色,木质家具则宜选用深色系,并利用家具与地面之间的地毯进行过渡,这样客厅的整体配色才会显得深浅有致。

关于色彩的知识

什么是有彩色系

有彩色系简称彩色系，彩色是指红、橙、黄、绿、青、蓝、紫等颜色。不同明度和纯度的红、橙、黄、绿、青、蓝、紫色调都属于有彩色系。

4 金属色系在欧式风格客厅中的运用

金色在欧式风格客厅吊顶中的局部运用

金色是在古典欧式风格中最能彰显奢华氛围的色彩。如果客厅的面积够大，层架够高，便可以选用金色作为顶面的局部装饰色彩。金色最保险的使用方式是与白色进行搭配，以在一定程度上弱化大面积金色带来的压抑感。

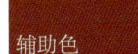

• **配色解析**

采光良好的客厅中用金色壁纸作为顶面装饰，彰显欧式风格的奢华感。

中小户型客厅可用金色作为修饰

如果客厅的面积较小，可以适当地运用一些金色来丰富空间的视觉层次。例如家具、画框的线条部位可以以金线或金边作为修饰，以彰显古典欧式风格奢靡的气度。

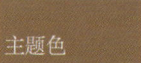

• 配色解析

浅灰色+紫色+金属色，营造出欧式风格低调、奢华的气度。

银色的运用

　　银色是另一种能为欧式风格客厅增添奢靡与华贵的视觉感受的色彩。银色既能作为硬装的色彩基调而大面积使用,也可以做家具或收边线条进行点缀修饰。相比金色,银色的运用更加多元化,其使用面积不会因客厅面积的大小而受到限制。

• 配色解析

将银镜用于客厅中,能丰富设计感,同时让色彩搭配形成虚实对比,更有层次感。

背景色	主题色	辅助色
	点缀色	点缀色

- **配色解析**

家具中的银色雕花包边,与家具主体的深色形成鲜明的对比,为古典欧式风格客厅增添了一份明快感。

5. 华丽色调在欧式风格客厅中的运用

紫色打造奢华、浪漫的客厅

以紫色或紫红色为主的欧式风格客厅配色，具有妩媚、华丽的感觉。若与金色或银色相搭配，则会显得奢华，加上黑色，则会显得更加神秘；若与白色相搭配，则能打造出一个十分浪漫的待客空间。

• 配色解析

利用紫色作为客厅的主题色，令整个客厅的氛围更加典雅、浪漫。

· 配色解析

深紫色的单人沙发成为整个客厅配色中的亮点,为欧式风格客厅注入了一份奢华气息。

蓝色/绿色彰显古典欧式的华丽

华丽的色彩印象除了运用暖色系的色彩为中心，还可以运用高纯度的孔雀蓝、宝石蓝等具有复古韵味的色彩为配色中心；同时搭配白色、黑色、金色、银色等无彩色系，尽显古典欧式的华丽。

- **配色解析**

孔雀绿搭配金棕色，彰显了古典欧式风格的奢靡与贵气。

- 配色解析

宝石蓝、明黄色的对比十分抢眼，活跃了整个客厅的配色效果。

关于色彩的知识

什么是中性色

中性色是介于红、黄、蓝之间的颜色，不属于冷色系，也不属于暖色系。以黑、白、灰三色为例，它们既是无彩色，同时也是最常用到的中性色。黑、白、灰这三种中性色能与任何色彩搭配，达到和谐、缓解的效果；没有冷暖偏向，在与暖色调或冷色调搭配时不会感到冲突。此外，紫色与绿色在一定程度上也属于中性色，它们没有明确的冷暖偏向。

地中海风格客厅配色

1. 蓝色系在地中海风格客厅中的运用

蓝色为配色中心的地中海风格客厅

作为地中海风格中最经典的配色，蓝色能带给人一种安静、祥和的感觉，若与白色搭配则具有纯净的美感，使人感觉协调、舒适。在运用时，可以使用蓝色作为主题色，白色作为背景色或辅助色，以体现出清新、凉爽的海洋韵味；或者以蓝白相间的图案形式出现，可以丰富空间色彩的层次感。

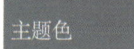

主题色　辅助色
背景色　点缀色　点缀色

• **配色解析**

蓝白相间的搭配，使配色效果更加活跃，营造出自由、清晰、浪漫的空间氛围。

主题色
辅助色
点缀色
点缀色　背景色

主题色
辅助色
点缀色
点缀色
背景色　点缀色

以蓝色为背景色，营造浪漫氛围

若以蓝色作为客厅的背景色，宜选用高明度、低饱和度的蓝色，此种配色手法比较适用于大面积的客厅。在实际运用时，可以与白色、米白色、浅米色、浅木色进行搭配。

配色解析

- 以蓝色、白色作为主要配色，令空间显得明亮、清新。

以蓝色为辅助色，让空间色调更有层次

　　米色+白色+蓝色的色彩设计方式在地中海风格十分常见。以米色或白色作为主要配色，可以令客厅显得更加明亮、清新，再融入适当的蓝色作为点缀，增添了整体配色效果的舒适度与层次感。

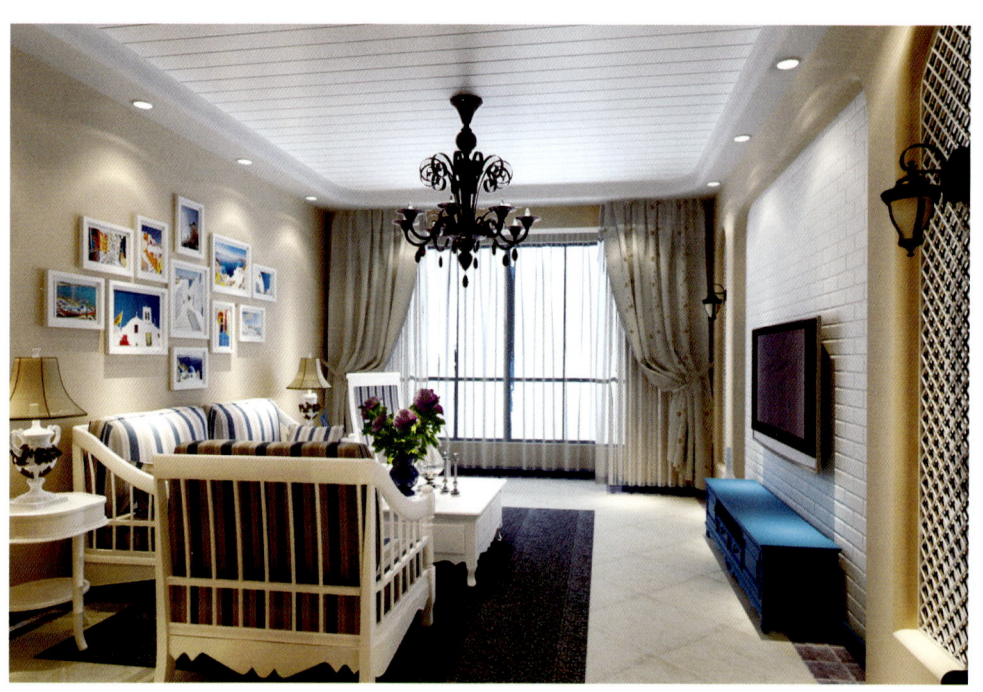

2. 木色在地中海风格客厅中的运用

木色彰显地中海风格的大气温馨

地中海风格的木色多用在地面、拱门造型的边框、墙面、顶面的局部装饰，以及小型木质家具上。木色可以与白色、米色、棕色或蓝色等色彩进行搭配，能够塑造出相对低调、协调的配色效果，让客厅给人大气、温馨感。

- **配色解析**

做旧调的木色为地中海风格空间增添了一份沧桑、质朴的感觉。

主题色

辅助色

点缀色

点缀色

背景色

主题色	主题色	辅助色
背景色	点缀色	点缀色	点缀色

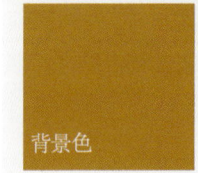

- **配色解析**

白色与木色的搭配,为色彩丰富的空间增添了一份温润、雅致的感觉。

3. 大地色系在地中海风格客厅中的运用

大地色为背景色的地中海风格客厅

土黄色系或棕色系都属于大地色系，地中海风格中的大地色系主要来源于北非特有的沙漠、岩石、泥土等天然景观。若以大地色系作为背景色，则宜选择浅色调的色彩，如浅蜂蜜色、旧白色、浅卡其色等。

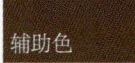
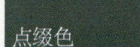

主题色

辅助色

点缀色

背景色

主题色

辅助色

点缀色

点缀色

背景色

关于色彩的知识

什么是近似色

近似色是指同类别色彩或相近的不同类别的色彩，如橙黄和橙红、橙红和紫红。此外，不同类别但明度相近的冷暖色彩也称为近似色，如淡绿和湖蓝、群青和紫色、曙红和紫罗兰等。在24色的色相环中，黄色和绿色、黄绿和蓝绿、蓝色和绿色、蓝色和紫色都属于近似色。

大地色系在地中海客厅中的对比运用

如果客厅中硬装的颜色比较浅，软装可以选择对比比较强的深色调，如棕色布艺沙发与米色墙面呈深浅对比；也可以选择对比色进行装饰处理，如红棕色的茶几与蓝色植物。

主题色
辅助色
点缀色
背景色

主题色
辅助色
点缀色
点缀色
背景色

- **配色解析**

深浅大地色系的搭配，让整体客厅的氛围舒适、柔和。

背景色	主题色 / 辅助色
	辅助色 / 点缀色

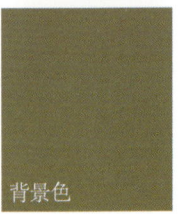

主题色
辅助色
辅助色
点缀色
背景色

4. 多彩色在地中海风格客厅中的运用

多种色彩的点缀运用

地中海风格中常搭配一些海洋元素的壁纸、布艺，例如船帆、船锚、贝壳等，来增强风格特点。这些装饰元素的色彩多样，可以令客厅的氛围更加活跃，配色效果更有层次。

主题色 / 主题色 / 点缀色 / 背景色

主题色 / 辅助色 / 点缀色 / 点缀色 / 背景色

· 配色解析

色彩饱满的砖石画与壁纸，为以白色为主题色的客厅增添了活跃感。

背景色	主题色	辅助色
	点缀色	点缀色

+ 客 厅　　077

主题色
辅助色
点缀色
点缀色　背景色

主题色
辅助色
点缀色
点缀色　背景色

主题色
辅助色
点缀色
点缀色　背景色

5. 绿色系在地中海风格客厅中的运用

绿色为主题色打造地中海风格的质朴韵味

地中海风格客厅中的绿色通常与大地色系进行组合搭配，这种配色方案不仅能凸显地中海风格的质朴，又能增添客厅的清新感。

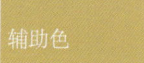
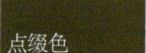
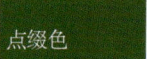

• **配色解析**

绿色+土黄色营造出地中海风格自然、淳朴的韵味，这种源于自然的配色，令人十分舒适。

主题色

主题色

辅助色

点缀色

点缀色

主题色

主题色

辅助色

点缀色

背景色

少量的绿色增强地中海风格的自然韵味

既然要增添客厅的自然韵味,可以大胆地取材于自然,使用青绿色、黄绿色、茶绿色、绿色等作为主题色之外的配色。作为点缀运用的绿色系可以是观赏绿植、布艺抱枕、窗帘等软装元素。

主题色
辅助色
点缀色
点缀色
背景色

主题色
辅助色
辅助色
点缀色
背景色

关于色彩的知识

什么是互补色

在色环上处于180°直线上的颜色就被称为互补色。常见的互补色有红色与绿色、蓝色与橙色、紫色与黄色。互补色并列时,会产生强烈的对比,会感到红色更红、绿色更绿。

美式风格客厅配色

1. 大地色系在美式风格客厅中的运用

以大地色系为背景色彰显美式风格客厅的自然与简朴

大地色系是接近泥土的颜色,用大地色系作为客厅的背景色,很能体现空间氛围的自然与简朴。在实际运用时,应根据客厅的采光条件与面积大小来决定背景色的深浅,以避免产生压抑感。

背景色	主题色	辅助色
	点缀色	点缀色

• 配色解析

轻盈的白色搭配沉稳的大地色,让整个客厅的氛围更显亲切、舒适。

大地色系凸显美式客厅的沉稳气质

　　大地色系作为客厅的主题色，能够让整个客厅增色不少，增强了美式风格客厅沉稳、大气的特点。在实际运用时，若客厅硬装的整体色调为大地色系，那么家具、饰品就要选择彩色且略带灰度的色彩；若客厅的硬装部分为白色或其他浅色，家具及饰品的颜色则可以选用大地色，来增添空间配色的稳重感，在选色时应注意深浅搭配的合理性。

主题色
主题色
点缀色
点缀色
背景色

主题色
主题色
辅助色
点缀色
背景色

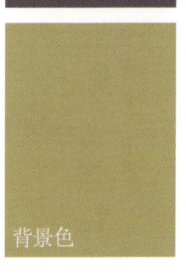

主题色
主题色
辅助色
点缀色
背景色

- **配色解析**

整个空间以大地色系作为主要配色，彰显了美式风格厚重、淳朴的特点。

2. 无彩色系在美式风格客厅中的运用

白色系在现代美式客厅中的搭配

现代美式风格客厅中所运用的白色系主要包括米白色、奶白色、灰白色、纯白色等一些既能表现明快感又不失柔和感的色彩。以大量白色系作为客厅的配色中心，再运用棕色作为重点色或点缀色，这样的配色可以塑造出较为明快的现代美式风格。

主题色
辅助色
辅助色
点缀色
背景色

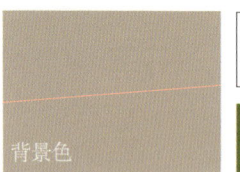

	主题色	辅助色
背景色	点缀色	点缀色

• 配色解析

以白色作为客厅的主题色与背景色，在深色调的衬托下，打造出一个简约、淳朴的现代美式风格客厅。

无彩色在现代美式风格客厅的搭配运用

美式风格中用无彩色系作为空间的重点色或点缀色，是一种比较前卫、大胆的配色方案。其中黑色、金色、银色等色彩多是作为装饰材料的边框或家具的线条及花边出现；而白色则可作为主题色或背景色被大面积运用。

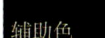

● **配色解析**

灰色、白色的搭配展现出现代美式风格的简洁感，暗暖色的运用则为配色增添了稳重感。

| 主题色 |
| 主题色 |
| 点缀色 |
| 点缀色 |
| 背景色 |

| 主题色 |
| 辅助色 |
| 点缀色 |
| 点缀色 |
| 背景色 |

关于色彩的知识

什么是对比色

对比色就是将两种可以明显区分的色彩搭配在一起,包括色相对比、明度对比、饱和度对比、互补对比等。利用对比色是构成明显色彩效果的重要手段,也是赋予色彩表现力的重要方法。比如黄和蓝、紫和绿、红和青,任何色彩和黑、白、灰都是对比关系,此外深色和浅色、冷色和暖色、亮色和暗色都是对比的关系。

3. 米色系在美式风格客厅中的运用

米色系加强美式风格的温馨格调

米色系作为客厅配色的重点，可以有效加强客厅的温馨格调。如墙面、地面用米色、米白色或米黄色，会让客厅的整体氛围更加温馨、别致，同时搭配大地色系或其他深色系的色彩，则会加强色调的过渡感，让客厅空间显得更加柔和。

背景色	主题色	辅助色
	辅助色	点缀色

- **配色解析**

米色为主色，所营造的氛围十分简洁、柔和，彰显出美式风格的温馨格调。

主题色

主题色

辅助色

点缀色

点缀色

主题色

辅助色

点缀色

点缀色

背景色

• 配色解析

深色木质家具，是暖色系中极为厚重的色彩，在米色的包容下更显温馨。

背景色　主题色　主题色　辅助色　点缀色

米色与木色让客厅氛围更亲近自然

米色与木色的搭配可以营造出美式风格客厅特有的休闲情境。可以再适当地搭配一些低饱和度或暗色调的深色进行辅佐衬托,以突显客厅色彩搭配的深邃感,同时也激发了木色本身的原始美感,展现出美式风格客厅层次有序、利落分明的风格特点。

· 配色解析

米色与木色的色差很小,搭配在一起有典型的自然美感。

4. 多彩色在美式风格客厅中的运用

利用布艺的色彩与图案提升配色层次

想要营造丰富多彩的视觉印象，可以从小面积的辅助色与点缀色的选择上入手，例如色彩鲜艳的布艺抱枕、图案精美的地毯、带有碎花图案的布艺沙发等美式风格中特有的布艺装饰，都能起到丰富空间色彩层次的作用。

• **配色解析**

青色、红棕色、酱红色，这些浓、暗色调的色彩，具有浓重的视觉感，让空间的色彩搭配更有层次。

• 配色解析

软装元素的用色十分讲究，彰显出美式风格的精致品位。

背景色	主题色	辅助色
	点缀色	点缀色

| 背景色 | 主题色 | 辅助色 |

| | 点缀色 | 点缀色 |

- **配色解析**

以冷色调为配色重心，让整个空间的配色表现出果敢、严谨的色彩印象。

主题色

主题色

辅助色

点缀色

背景色

- **配色解析**

华丽的布艺元素，从色彩到花纹图案，是整个客厅装饰的亮点。

运用油画浓郁的色彩提升配色层次

色彩绚丽丰富的乡村风景油画作为乡村美式风格客厅中墙饰的不二之选,既能展现乡村风光的魅力,又能为质朴的空间配色带来视觉上的冲击,大大提升了空间的色彩层次。

关于色彩的知识

什么是同相型色彩

同相型是指在同一个色相中,通过变化明度和饱和度而得到的一系列颜色,也可称为同色系。例如深绿、中绿、草绿、淡绿等,它们都属于绿色系,只是明度与饱和度不同。

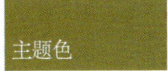

田园风格客厅配色

1 绿色系在田园风格客厅中的运用

绿色与木色让田园风格客厅更显舒适

绿色一直是清新的代表，能使空间更加鲜活、明朗。若以浅绿色作为主题色，木色作为辅助色，再用白色、米色、黄色作为辅助色或点缀色，可使整个客厅空间给人一种舒适、放松的感觉。

• **配色解析**

以绿色为中心的配色，体现出清凉感觉的同时，还有清洁、干净的效果。

背景色	主题色	辅助色
	点缀色	点缀色

· 配色解析

绿色与原木色作为空间的主要配色,所营造的氛围宁静、清新、自然。

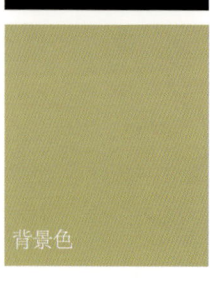

主题色

主题色

辅助色

点缀色

背景色

绿色搭配棕色演绎美式田园的淳朴美

绿色与棕色的欧式组合源自于泥土与绿树、绿草等自然景象，具有浓郁的大自然味道。两种色彩组合时，可以从色调上拉开一些距离，以增加客厅的层次感。此外，还可以利用木材、花鸟图案等元素令客厅的田园氛围更加浓郁。

主题色
辅助色
点缀色
背景色

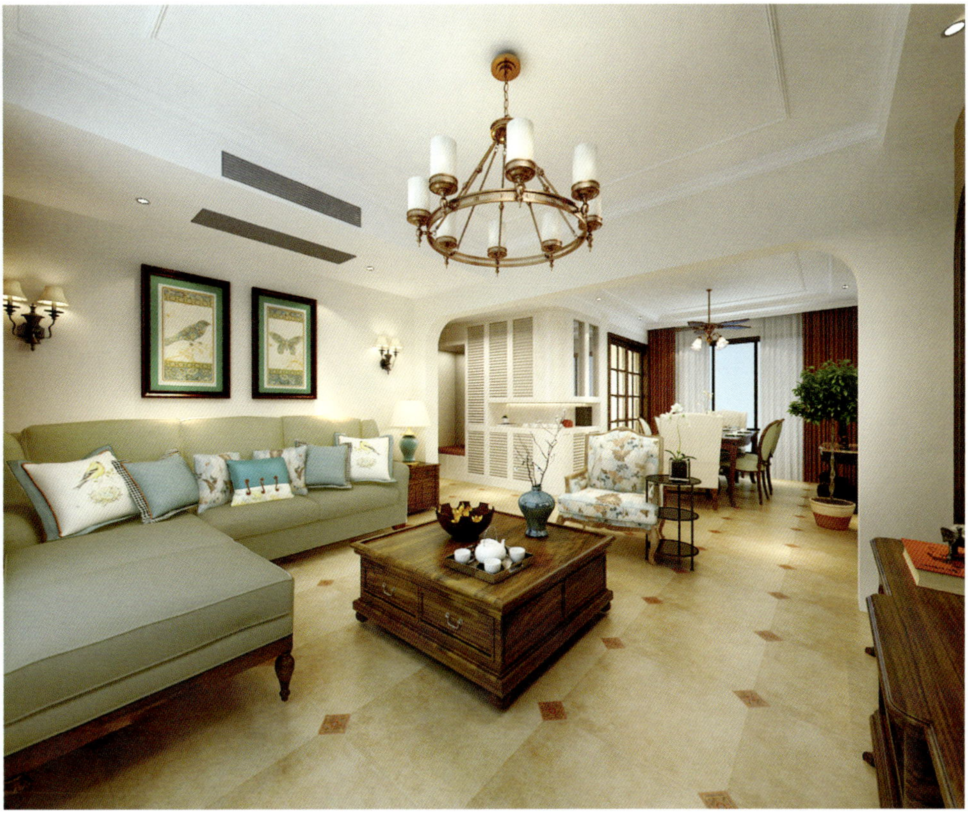

背景色
主题色
主题色
辅助色
点缀色

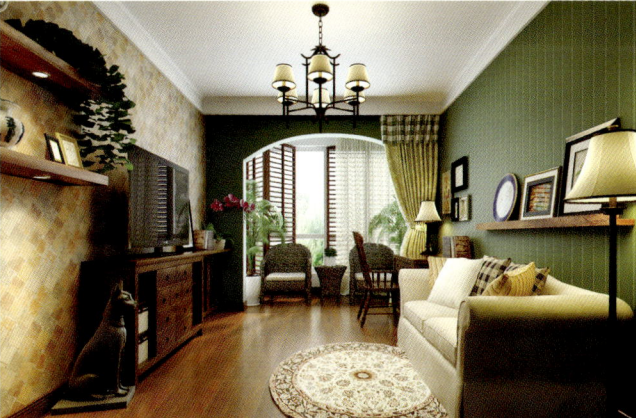

绿色与多种色彩的巧妙运用

以绿色为背景色,再选择几种高饱和度、高明度的色彩进行组合搭配,能有效地增强客厅的活泼感。其中冷色调能给人一种清凉的感觉,暖色调则使活力更加鲜明,鲜艳色调则可以使空间充满朝气。

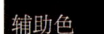

2. 大地色系在田园风格客厅中的运用

大地色与多色彩的搭配

　　中明度、低饱和度、暖色调的大地色比较能够展现出一种温和、自然、朴素的色彩印象，运用时与绿色、黄色、红色、粉色等一些源于树木、花草等自然元素的色彩相搭配，更能展现出田园风格配色亲近自然、源于自然的特点。

- **配色解析**

布艺装饰品丰富的色彩，为以大地色为主色的空间增添了一份活跃感。

大地色系的组合运用营造美式田园客厅的厚重感

茶色、棕色、棕红色、褐色等大地色,能够塑造出美式田园既有传统韵味又不乏厚重感的色彩印象。运用时可以适当地与少量白色或绿色进行搭配,则可以减少空间色调的沉闷感。

• **配色解析**

不同色相的大地色进行组合,打造出美式风格坚定、结实的厚重感。

主题色

辅助色

辅助色

点缀色

背景色

关于色彩的知识

什么是前进色

  通常来讲，暖色调的颜色属于前进色。看起来向上突出的颜色被称为前进色，主要为高明度、低饱和度的暖色，它们在视觉上有向前进的感觉，包括粉色、太阳橙、黄色等暖色。

3. 白色系在田园风格客厅中的运用

白色+绿色演绎经典田园风格韵味

白色+绿色的配色手法是最能代表田园风格特点的配色之一，很能彰显出田园风格清新、自然的韵味。在运用这种配色方案时，如果客厅的空间较小，建议将白色作为背景色进行大面积使用，绿色则更加适合作为辅助色或点缀色使用。

• 配色解析

以白色为配色中心，体现出整洁感，在绿色的点缀下更显清新。

背景色 / 主题色 / 辅助色 / 点缀色 / 点缀色

白色与大地色营造自然的乡村田园氛围

素雅、古朴的大地深色系既保留了乡村风格的惬意，又能彰显复古的情感，与白色系搭配的运用，大大增添了空间清新自然的质感，同时又不失乡村田园风格的温暖与亲切。

主题色
辅助色
点缀色　背景色

主题色
辅助色
点缀色
点缀色
背景色

4. 米色系在田园风格客厅中的运用

米色与大地色搭配，让客厅色调过渡更显平稳

米色与大地色的搭配运用，是乡村田园风格客厅中比较常用的配色技巧。通常是以米色、米黄色或米白色作为背景色或主题色，棕色、咖啡色等相对厚重的色彩作为辅助色或点缀色，能使整个客厅空间的色调过渡更显平稳，营造出一个柔和、舒适的待客空间氛围。

米色+白色+冷色的配色组合

米色与白色的搭配形成了微弱的层次感，相比白色与绿色的自然与清爽，米色与白色的搭配则增添了田园风格配色柔和的美感。在运用时，可以适当地运用一些冷色调作为辅助色或点缀色，例如白色的墙面搭配米色的沙发，再加入蓝色的抱枕或地毯。

主题色

主题色

辅助色

点缀色

背景色

背景色	主题色	主题色
	辅助色	点缀色

• 配色解析

蓝色的运用提升空间配色层次的同时,也让客厅更显整洁、干净。

背景色	主题色	辅助色
	点缀色	点缀色

• 配色解析

暗色调的对比使配色效果显得更加浓重,为乡村田园风格增添了一份厚重感。

5 低纯度色彩在田园风格客厅中的运用

低纯度的暖色演绎田园风格客厅的宁静与优雅

深褐色、深咖啡色、暗红色和紫红色等沉稳、内敛的色彩都属于低纯度暖色，能够增强空间的分量感与隆重气氛。在运用时可以选用米色或白色作为空间的背景色，同时降低主题色的明度，以方便提升暗暖色的使用比例，为田园风格客厅增添一份优雅、宁静的气息。

低纯度的冷色搭配大地色，演绎田园风格的自然基调

低纯度的冷色能给人带来简洁、清冷的视觉感，与茶色、棕色、浅咖啡色等接近自然的色彩进行搭配，能够传达出柔和、朴素、自然的色彩印象。在实际搭配时，可以根据客厅的面积大小决定色彩的主次。

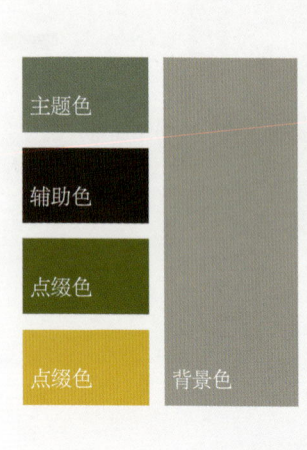

关于色彩的知识

什么是后退色

与前进色相对应的是后退色，低饱和度、高明度的冷色有后退的感觉，被称为后退色。后退色包括蓝色和蓝紫色等冷色。

玄关走廊

北欧风格115~120/现代简约风格121~128

中式风格129~134/欧式风格135~142

地中海风格143~148/美式风格149~156

田园风格157-162

玄关走廊的色彩搭配要点

　　玄关走廊的背景色一定要深浅适中，无论墙面装修选用什么材质，选用的颜色都不应该太深，以免令空间看起来过于沉闷，同时应注意与其他空间的衔接与协调；玄关走廊的地面颜色应相对深一点，这样的话看起来会比较厚重，如果希望地面能够明亮一点，可以采用深色的石料包边，而中间部分采用颜色比较浅的石料。如果要在地面铺设地毯的话，应该选择四周颜色比较深、中间颜色比较浅的地毯。玄关走廊的顶面的色调宜轻不宜重，顶面的颜色如果太深的话，会形成上重下轻的感觉，给人造成非常强烈的压迫感。

主题色

辅助色

点缀色

点缀色　　背景色

北欧风格玄关走廊配色

主题色

辅助色

辅助色

点缀色

背景色

1. 冷色系在北欧风格玄关走廊中的运用

高明度的冷色体现北欧风格的整洁与清爽

蓝色或绿色的明度越是接近白色，就越能体现出清新、爽快的色彩印象。他们的运用离不开白色的渲染，无论是与蓝色还是与绿色组合，都会使整个空间显得十分整洁、清爽。

主题色

辅助色

点缀色

背景色

- 配色解析

蓝色、青色的使用面积并不大，打造出舒适、干练的色彩氛围。

背景色	主题色	辅助色
	点缀色	点缀色

2. 木色在北欧风格玄关走廊中的运用

木色家具突出北欧风格的自然气息

木色源于木材本身的色彩，它的特点是色彩比较细腻，即使是单一材质，其色彩层次感也是很强的。多数北欧风格的玄关中都会选用木色家具作为空间装饰，利用其温润、富有层次的色彩为空间带来暖意，使空间更显朴素、雅致。

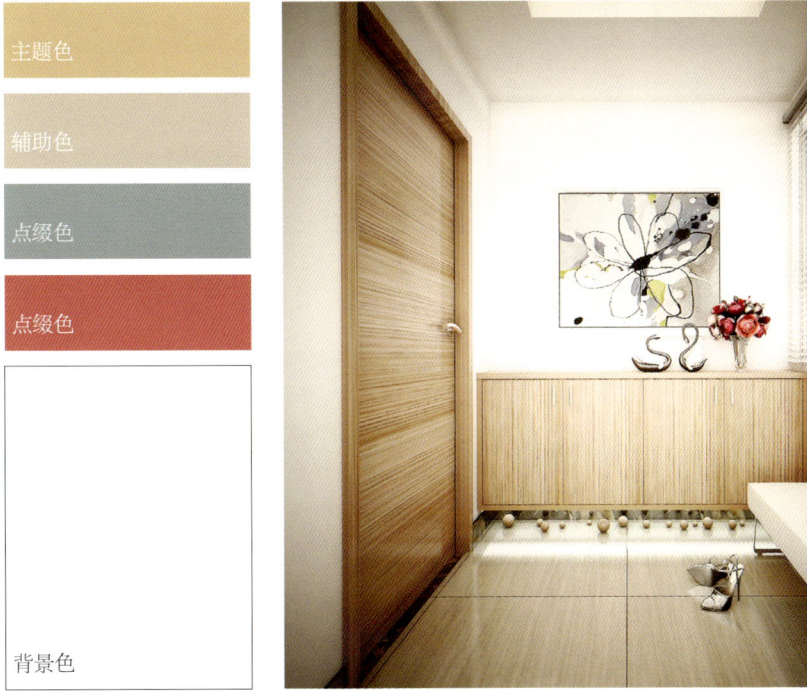

原木色为主色打造悠闲舒适的空间氛围

原木色可以增添空间的朴质感与亲和力。在实际搭配时，可将原木色通过木质家具、木地板、木饰面板等元素呈现出来。在运用原木色作为空间主色时，通常会选用大面积的白色或浅色进行调和，再以原木色来减缓白色或浅色带来的冷意，衬托出悠闲、舒适的北欧风格特点。

关于色彩的知识

室内色彩搭配之主题色的定义

一般来说，主题色在室内的比例面积不一定最大，却往往是视觉中心，具有重要的影响力，如电视墙、床头墙、大型家具等。建议挑选主题色时，可以在参照居室风格与背景色后，或以鲜明、灵动的突出效果，或以和谐、稳重的兼容境界为依据，使主题色的作用得以彰显。

3. 无彩色系
在北欧风格玄关走廊中的运用

无彩色系的组合搭配

白色与黑色的组合是北欧风格中比较经典的配色手法之一，色彩对比强烈，能够使北欧风格的极简特点更加突出。在运用时，通常以白色作为背景色和主题色，而黑色则作为辅助色和点缀色使用。若想柔化黑白对比的强烈感，可以适当融入一些灰色调来增添空间的温润感。

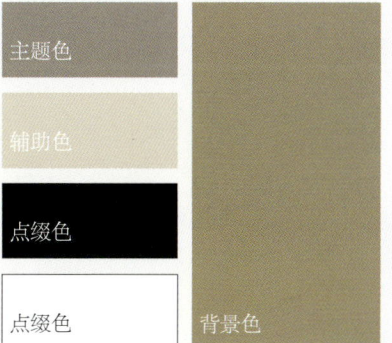

主题色

辅助色

点缀色

点缀色

背景色

4. 明亮色彩在北欧风格玄关走廊中的运用

明色调的点缀运用，为空间增色

玄关走廊空间的用色不必很多，就能将颜色搭配出趣味。可以将黄色、绿色、红色、橙色等较为明快的色彩，运用在小家具、家居饰品、装饰画等元素上，通过载色物的大小、造型、材质的不同，加以不同颜色的衬托，便可以很好地营造出丰富、热闹、有趣的空间氛围。

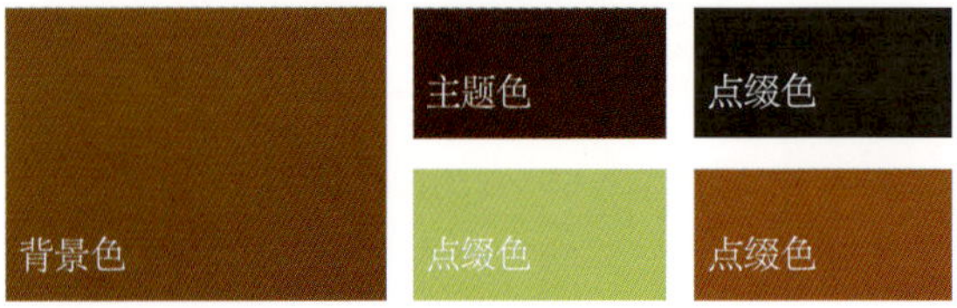

- **配色解析**

绿色、橙色、黑色、银色的点缀，给人带来一种明快的感觉，也让配色效果更加鲜明并富有活力。

现代简约风格玄关走廊配色

1. 无彩色系
在现代风格玄关走廊中的运用

黑、白、灰三色在玄关走廊空间的合理运用

　　黑、白、灰三色的组合是现代简约风格配色中最为经典的配色方案,装饰效果简洁、大方又不失时尚感。在玄关走廊的配色中通常是以白色作为主色,可使空间简洁、宽敞,再以黑色为点缀色,来增强整个空间层次感;若以灰色为主,则凸显了空间配色的时尚与睿智。

	点缀色
	点缀色
背景色	点缀色

• 配色解析

白色为中心的配色，很好地缓解了小玄关的局促感。

2 米色系在现代风格玄关走廊中的运用

米色打造现代风格简洁、明媚的空间氛围

利用米色、米白色或米黄色作为现代风格玄关走廊空间的背景色,再利用白色或黑色、棕色作为辅助色和点缀色,这种配色方式带有一点明媚、时尚的感觉,若利用一点带有红色、橙色等亮色调的软装元素进行装饰,配色效果会更有层次。

• **配色解析**

米色为背景色,烘托出舒适、安逸的空间氛围,淡雅内敛,彩色装饰画的搭配则增添了活力感。

主题色
点缀色
点缀色
点缀色
背景色

点缀色
点缀色
点缀色
点缀色
背景色

主题色
辅助色
点缀色
点缀色
背景色

3. 高纯度色彩在现代风格玄关走廊中的运用

高纯度色彩与白色的搭配

　　高纯度色彩是丰富空间色彩层次的最佳手段。在现代风格中，高纯度色彩的最佳搭档非白色莫属。白色的加入既能弱化高明度、高饱和度色彩带来的喧闹感，又能使整个空间看起来更加整洁、明亮。

| 背景色 | 主题色 | 点缀色 | 辅助色 | 点缀色 |

- **配色解析**

高纯色的绿色与白色搭配，给人带来清新、明快的视觉感受。

主题色

辅助色

点缀色

点缀色

背景色

关于色彩的知识

室内色彩搭配之辅助色的定义

　　同一空间内不会只有一种颜色，所以与主题色相辅相成、用来丰富空间意境的其他颜色就被称为辅助色。其视觉重要性和面积次于主题色，常用于陪衬主题色，使主题色更加突出，通常是体积较小的家具，如短沙发、椅子、茶几、床头柜等，搭配原则要尽量与主题色在明度、饱和度或色相上有明显差异。同时面积比例也不要高于主题色，可以多挑选跳色进行对比，突显主题色的存在感与分量，让空间色彩有主有辅，风格营造更加生动、有趣。

4. 棕色系在现代风格玄关走廊中的运用

棕色系波打线让地面色彩更有层次

采用地面色彩设计的变化进行空间区域划分，在非独立型玄关走廊的设计中十分常见。在现代风格家居设计中，习惯运用深棕色、浅棕色及茶色等作为地面波打线的主色调，同时可以与白色、米色、米黄色等浅色进行搭配使用，既能保证空间区域的划分，又能保证地面色彩设计的层次感。

棕色地面让空间更有下坠感

棕色能让人感觉很有重量感与下沉感,能有效地增加空间的稳定性。在实际运用时,可以采用棕色作为地面配色,浅色作为墙面、顶面的用色,通过颜色的轻重对比,从视觉上增加高度。

• **配色解析**
白色的吊顶、浅木色墙面、重色地板,在视觉上增加了空间的高度感。

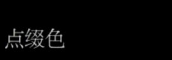

中式风格玄关走廊配色

主题色

辅助色

点缀色

点缀色　背景色

配色解析

黑色、白色、灰色为主色的空间内，装饰画及花卉的色彩是最亮眼的点缀。

1. 红色系在中式风格玄关走廊中的运用

红色营造中式的富贵与华丽

以红色作为玄关的主题色时，可以运用沉稳而且具有历史厚重感的红棕色、黄棕色、米色、茶色等进行搭配；或采用黄色、金色作为辅助或点缀搭配，便能塑造出吉祥富贵的传统中式风韵。

主题色

辅助色

点缀色

背景色　点缀色

- **配色解析**

红色主题墙的运用再搭配金色家具，让整个空间的色彩氛围更加喜庆。

2. 棕色系在中式风格玄关走廊中的运用

亲切、朴素的棕色木质元素

在中式风格玄关走廊中，棕色主要体现在木质格栅、横梁、窗花及木质家具上，具有一定的亲切感与朴素感。运用时通常以白色作为背景色，能有效地弱化棕色的沉重感；也可以用米色来代替白色，使空间氛围更加柔和、温馨；若不同明度的棕色与黄色搭配，则能演绎出传统中式风格尊贵、奢华的特点。

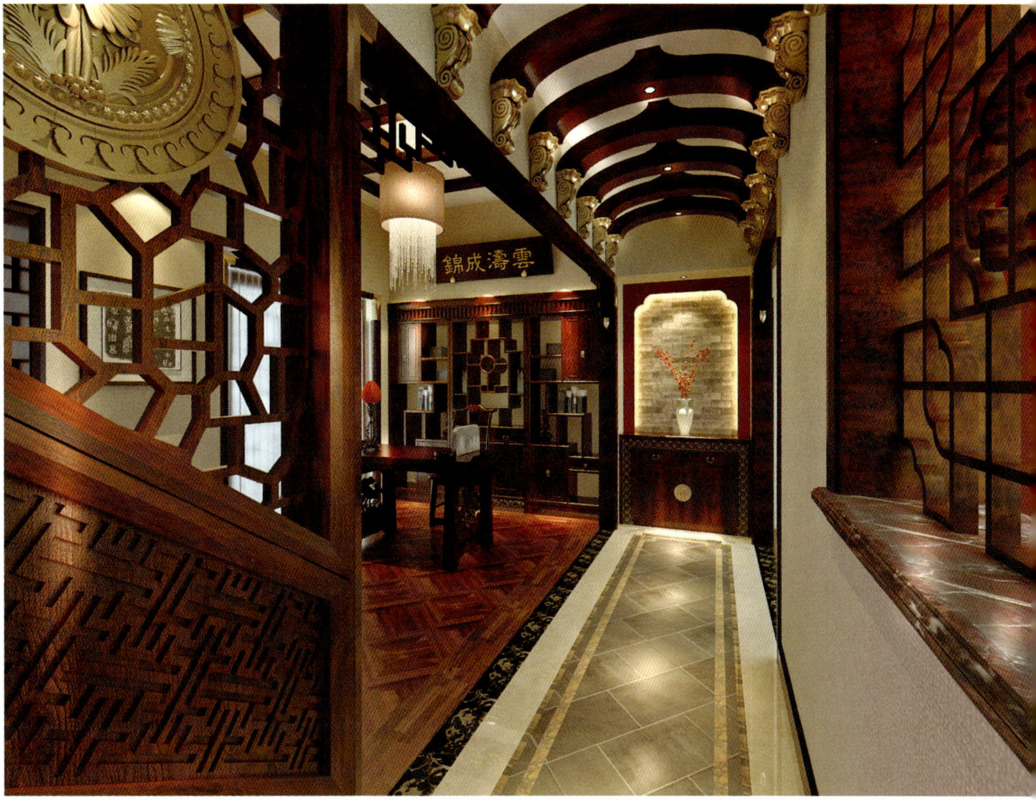

- **配色解析**

红棕色木质元素的大量运用,体现了古典中式厚重、淳朴的色彩印象。

关于色彩的知识

室内色彩搭配之背景色的定义

  背景色常指室内的墙面、地面、顶棚等面积大的色彩,它们构成了室内陈设(家具、饰品等)的背景色,是决定空间整体配色印象的重要角色。在运用上,首先应参照整体风格喜好,尽量使用柔和协调的色调,提升空间的亲和度,否则因为自身面积范围较大,用色过于沉重或太突兀,都难以达到美观的目的。以主题色与辅助色为依据,如果想要让空间鲜明有张力,可以选择色相差较大的背景色;如果追求平和低调,则可搭配色相差较小的背景色。

3 无彩色在中式风格玄关走廊中的运用

黑色+白色+灰色搭配，演绎新中式的简洁

黑色+白色+灰色的配色手法很能体现新中式风格整洁、素雅的品位。如果玄关走廊的实用面积较小，可以白色为背景色，而黑色、灰色作为辅助或点缀使用，如此便可以使整个空间看起来更加宽敞、明亮；若面积充足，可适当加大黑色或灰色的使用面积，以增强整个空间的稳重感。

- **配色解析**

无彩色系的组合运用，体现出中式风格整洁、规范的感觉。

4. 米色在中式风格玄关走廊中的运用

米色调背景色凸显中式风格的素雅与柔美

在进行中式风格玄关走廊的色彩设计时，为了体现中式风格素雅、柔和的美感，可选用米色调作为墙面、地面的主色。在实际运用时，若空间面积充足、采光良好，可以米色、米黄色为主；反之则宜选用米白色。

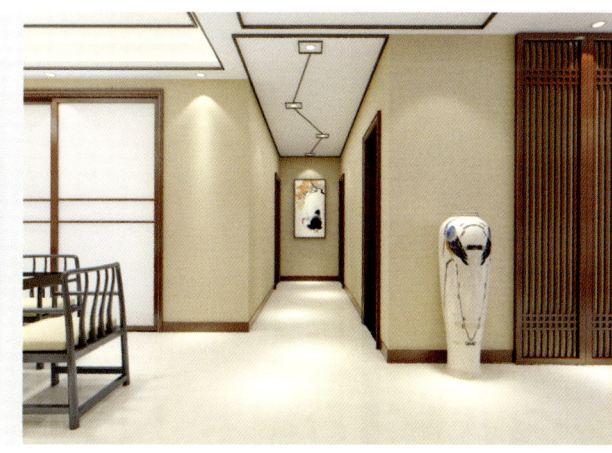

5 华丽色彩
在中式风格玄关走廊中的运用

中式装饰元素的点缀修饰让色彩更有层次

若要提升玄关走廊的色彩层次，可以将黄色、绿色、红色、蓝色、紫色等一些相对华丽的色彩在瓷器、装饰画、花卉绿植等软装元素中体现，用中式风格特有的软装饰品作为色彩的点缀修饰，可以起到画龙点睛的作用。

• **配色解析**
色彩浓郁的装饰画表达出中式风格的华丽感。

• **配色解析**
暗暖色为中心的配色空间内，瓷器的色彩显得格外耀眼，彰显出中式的韵味与奢华。

欧式风格玄关走廊配色

1. 白色系在欧式风格玄关走廊中的运用

白色主题让小玄关更显简洁与从容

　　小玄关的配色往往不会以厚重、华丽的色彩为主。我们可以暖白色、奶白色或象牙白等白色系作为玄关的背景色或主题色，营造出一个简洁、从容的空间氛围，以彰显新欧式风格素雅的美感。

主题色	主题色
背景色	点缀色	点缀色

• **配色解析**

奢华的金色在白色的调和下，彰显出现代欧式风格的素雅格调。

主题色
点缀色
点缀色
点缀色
背景色

2. 棕色系在欧式风格玄关走廊中的运用

棕色系打造古典欧式的韵味与厚重感

若想提升欧式风格玄关的古典韵味和厚重感,可以选用棕色系作为主色调。在运用时应尽量选择低明度、高饱和度的色系,也可适当增加色彩的使用比例。例如墙面、地面及家具都可以选用不同深度的棕色、米色、咖啡色或茶色等,再通过不同材质的色彩表现来凸显层次,营造出一个古朴、厚重的欧式风格玄关。

- **配色解析**

红棕色为中心的配色彰显出古典欧式的厚重与精致。

3. 米色系在欧式风格玄关走廊中的运用

米色为背景色彰显欧式风格的轻盈与柔和

轻盈、柔和的米色、米白色或米黄色作为玄关走廊的主色调，可以适当地搭配一些白色为空间增添明亮感；若搭配咖啡色、茶色、棕色等深色调，则可以衬托出空间的古典韵味，增添空间配色的层次感。

- **配色解析**

米黄色与白色的搭配柔和中又不乏层次感。

4 金属色在欧式风格玄关走廊中的运用

金属色的点缀为玄关走廊增添贵气

金色、银色都属于金属色，它们代表着贵气。使用金属色作为玄关走廊的装饰色彩，使用面积不宜过大，可用在装饰边框、家具雕花或摆件器皿中，这样既能突显古典欧式风格的奢华、大气，又不会因为使用不当而显得过于炫目。

主题色
辅助色
点缀色
点缀色
背景色

主题色　辅助色

背景色　点缀色　点缀色

• 配色解析

银色家具极具质感，彰显了新欧式风格的轻奢感。

主题色
主题色
辅助色

背景色

背景色　主题色　主题色　点缀色　点缀色

• 配色解析

金色的运用缓解了大量暗暖色给空间带来的单调感。

关于色彩的知识

室内色彩搭配之点缀色的定义

顾名思义，点缀色比起主题色与辅助色，所占的面积比较小，通常是指抱枕、地毯、花盆、灯具或装饰画等局部点缀的装饰物品的颜色。在使用目的上，主要是烘托空间的活力，避免单调，所以在选色上尽量不要与主题色、背景色过于接近，最好能够避开同一色相，选择饱和度高或明度高的对比色，才能提升点缀色的存在感。另外，不要扩大点缀色的面积比例，最好与辅助色相当，才能更好地达到视觉效果鲜明、持久的目的，从而起到画龙点睛的作用。

5 华丽色在欧式风格玄关走廊中的运用

华丽色彩打造高雅、奢华的玄关走廊空间

在传统欧式风格家居配色中,若要玄关走廊的氛围更加高雅、奢华,可以选用金色、银色、红色、紫色、粉色等华丽的色彩。在实际搭配时,可以运用金色与蓝色、紫色与白色、绿色与粉色等色彩进行交错运用,令家居氛围更加奢华、浪漫。

- 配色解析

桃粉色、绿色的点缀,打造出一个轻柔、浪漫的欧式玄关。

背景色	主题色	主题色
	点缀色	点缀色

- 配色解析

宝石蓝、白色、金色、米色等组成的空间配色，具有典型的舒适感，使人的心情变得安定、祥和。

主题色
主题色
点缀色
点缀色 / 背景色

- 配色解析

淡紫色的运用为空间增添了一份浪漫感，与米色搭配尽显雅致、自然之美。

地中海风格玄关走廊配色

1. 蓝色在地中海风格玄关走廊中的运用

小空间的蓝色宜浅不宜深

若玄关走廊空间的面积较小，宜选用高明度、低饱和度的浅蓝色作为背景色，与其搭配的其他色彩也应尽量选用白色、米白色、米色、浅木色等浅色，以打造清新、协调、舒适的氛围为主要目的，避免配色过深产生压抑感。

• **配色解析**

浅蓝色的背景烘托出地中海风格自由与浪漫的情怀。

主题色
辅助色
点缀色
点缀色
背景色

主题色
主题色
背景色
背景色

• 配色解析

淡蓝色为主色,与白色形成对比,让小空间更显明快。

蓝色的点缀运用

作为地中海风格中最经典的配色，蓝色能带给人一种安静、祥和的感觉。若运用蓝色作为辅助色或点缀色，一般用于墙面造型的边框、门板、顶面横梁等，一方面使设计造型更加丰富，另一方面也体现了色彩搭配的层次感。

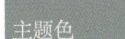

2. 大地色系在地中海风格玄关走廊中的运用

大地色系的组合运用

地中海风格中的大地色主要包括棕色、土黄色、红褐色等源于沙漠、岩石、泥沙等自然景观的颜色，再辅以北非土生植物的深红、靛蓝，加上黄铜色，营造出地中海风格如大地般的浩瀚感和质朴感。

• **配色解析**

深浅大地色的运用，配色效果很有层次，同时具有稳重感。

3. 白色系在地中海风格玄关走廊中的运用

白色让地中海风格玄关走廊更明快

白色能够很好地体现出地中海风格简洁、明快的一面。在使用时，可以根据玄关或走廊的面积来调整用色比例。在面积较大的空间内，可以选择白色作为辅助色，将白色在家具或硬装的装饰边框上体现出来，以达到弱化空间沉重感的作用；若面积较小的空间，则可将白色作为主题色或背景色，运用蓝色或大地色作为辅助色或点缀色，以增强空间的稳重感。

- **配色解析**

白色为主色，少量的米色、灰色进行点缀，简洁、大气又不失层次感。

4. 多种色彩在地中海风格玄关走廊中的运用

多种色彩的点缀彰显丰富的色彩层次

以大地色系或白色作为主题色，再选用紫色、红色、蓝色、黄色或绿色等至少3种色彩组合进行点缀使用。例如以深浅不同的大地色作为墙面、地面或家具的主色，加入红色、绿色、蓝色、紫色、黑色等多种色彩的组合来进行点缀，以增添空间的绚丽感，让空间的色彩设计更加有层次。

关于色彩的知识

室内色彩构成的基本原则一

形式和色彩服从功能。室内色彩的构成必须充分考虑功能要求，首先应认真分析每一空间的使用性质，如儿童居室与起居室、老年人的居室与新婚夫妇的居室，由于使用对象不同或使用功能有明显区别，空间色彩的设计就必须有所区别。

美式风格玄关走廊配色

• 配色解析

米白色、白色、红棕色的搭配,是美式风格中的经典配色,表达出舒适、稳重的色彩印象。

1. 大地色系在美式风格玄关走廊中的运用

大地色系的深浅搭配

　　美式风格中对于大地色与绿色的运用有别于田园风格,应以大地色为主色,来彰显美式风格厚重、宽大、自然的特点。例如以棕色、咖啡色、茶色或米色作为空间的背景色与主题色,而绿色仅体现在窗帘、地毯、绿植等软装元素中,这样既不会破坏空间的整体感,又能给传统的美式风格带来新鲜感。

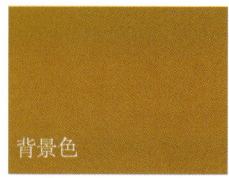

主题色　辅助色
背景色　点缀色　点缀色

• 配色解析

砖红色、黄棕色、米色深浅有度，营造出舒适、稳定的色彩印象。

主题色
主题色
背景色

2. 白色系在美式风格玄关走廊中的运用

白色系与深色调搭配和谐有致的色彩氛围

美式风格的玄关走廊在进行色彩设计时，若要将色彩处理得别具一格，可以将护墙板、地面波打线等采用同一色调，而顶面或地面则运用米白色、奶白色等浅色进行搭配，让色彩搭配和谐有致、深浅得当，就会产生不一样的效果。

• 配色解析

白色为背景色，深棕色、黑色作为点缀，层次分明，简洁大方。

走廊侧墙可采用同色调配色手法

　　一般走廊都会有一面空白的侧墙，单一的墙面会显得很单调，可以通过调整色彩的明度来增添空间色彩设计的层次感，如采用米白色搭配纯白色，既能彰显现代美式风格的洁净感，又能使墙面的设计更有层次。

• 配色解析

米白色与纯白色的搭配，使走廊的墙面简洁并富有层次感。

3. 米色系在美式风格玄关走廊中的运用

米色为背景色演绎美式风格的平稳感

美式风格的玄关走廊中,不会大面积地运用特别鲜艳的色彩,所以在进行配色时,应尽量选用淡雅的米色调作为背景色或主题色,再运用明度较低色彩或大地色进行搭配,既能彰显配色层次,又不会破坏美式风格平稳中又有变化的色彩感觉。

• 配色解析

整个空间以米色为背景色,展现出美式风格的自然美感,使人感到安定、祥和。

	主题色
	主题色
	点缀色
	点缀色
	点缀色
	点缀色
	背景色

4. 多种彩色
在美式风格玄关走廊中的运用

华丽色调点缀出美式风格玄关走廊的色彩层次

美式风格的玄关走廊常将墙饰、绿植、花艺的色彩融入整个空间的色彩设计中，运用色彩饱满的油画、娇艳的花艺、图案精美的壁纸等，不需要大面积的华丽色彩，却有着十分丰富的层次感，彰显了美式风格的精致品位。

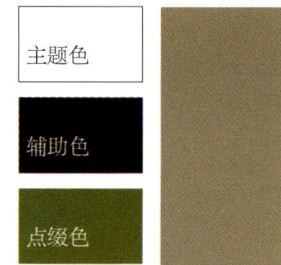

主题色

辅助色

点缀色

点缀色 背景色

• **配色解析**

金色、黑色、绿色、深棕色的搭配，通过丰富的色调变化，传达出朴素、柔和的色彩印象。

主题色

主题色

主题色

背景色 点缀色

关于色彩的知识

室内色彩构成的基本原则二

　　力求符合空间构图需要，充分发挥室内色彩对空间的美化作用。首先要正确处理主色调与背景色的关系。其次要处理好色彩的统一与变化的关系。有统一而无变化，就会达不到美的效果，因此，要求在统一的基础上求变化，这样容易取得良好的效果。此外，室内色彩设计要体现稳定感、韵律感和节奏感。为了达到空间色彩的稳定感，常采用上轻下重的色彩关系。室内色彩的起伏变化，应形成一定的韵律感和节奏感，注重色彩的规律性，切忌杂乱无章。

田园风格玄关走廊配色

1. 绿色系 在田园风格玄关走廊中的运用

玄关走廊处的绿色使用法则

在田园风格中用于玄关走廊处的绿色，应根据空间面积的大小来决定色彩的明度与饱和度。若玄关走廊的面积较小，则宜使用高明度、低饱和度的绿色；若空间面积较大或拥有独立的玄关走廊，则可以适当增加绿色的饱和度。在实际运用时，还应注意与其他相连空间的色彩衔接，以避免影响整个居室色彩搭配的整体性与协调性。

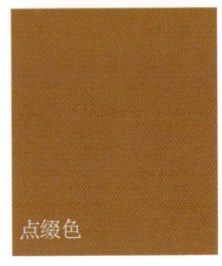

主题色
主题色
点缀色
点缀色
点缀色

关于色彩的知识

室内色彩构成的基本原则三

利用室内色彩，改善空间效果。充分利用色彩的物理性能和色彩对人心理的影响，可在一定程度上改变空间尺度、比例、分隔、渗透空间，改善空间效果。

2. 白色系在田园风格玄关走廊中的运用

百搭的白色系打造简洁、纯洁的小玄关

白色系可以为居室奠定纯洁的基调，也是一种百搭色、安全色。在面积较小的玄关中，可以将白色系用在墙面上，再搭配大地色系的家具或地面，就会令空间显得非常舒适。

主题色

辅助色

点缀色

点缀色　背景色

3 米色系
在田园风格玄关走廊中的运用

米色烘托出田园风格温馨、自然的背景氛围

在田园风格玄关走廊中,多选用米色作为空间的背景色,大面积的米色可以为空间提供一个温馨、自然的背景氛围。另外,米色属于百搭色系,易与其他相连空间的配色进行衔接,从而让整个居室的配色更有整体感。

• **配色解析**

米白色+米色的搭配,运用微弱的色彩层次,打造柔和与舒适的空间氛围。

4. 大地色系在田园风格玄关走廊中的运用

大地色系为空间注入淳朴的自然气息

大地色系都是一些比较沉稳的色调，它们很能体现乡村田园风格的自然与淳朴。如果将大地色用于玄关走廊的配色，则要考虑采光、面积大小、层架的高低等因素，以避免暗色调带来的压抑感。

主题色
辅助色
点缀色
点缀色
背景色

主题色
辅助色
点缀色
点缀色
背景色

- **配色解析**

砖红色、米白色、棕色的组合搭配，传达出淳朴、自然的色彩印象。

5. 低纯度色彩在田园风格玄关走廊中的运用

低饱和度色彩乡村田园沉静、自然的氛围

田园风格中的彩色多为低饱和度的色彩，如橡皮粉、土黄色、墨蓝色、湖蓝色、茶绿色等，它们的色感并不强烈，不会给人带来强烈的视觉冲击感。田园风格玄关走廊采用低饱和度色彩作为点缀色，既能表现空间配色的层次感，又不会破坏田园风格沉静、自然的风格特点。

• **配色解析**

暗暖色的运用，为以白色为主色的空间增添了一份厚重感，打造出一个安定、祥和的空间氛围。

卫浴间

北欧风格165~170/现代简约风格171~178

中式风格179~186/欧式风格187~194

地中海风格195~202/美式风格203~210

田园风格211~216

卫浴间的色彩搭配要点

卫浴间的面积通常都不是很大，各种盥洗用具复杂、色彩多样。因此，为避免视觉的疲劳和空间的拥挤感，应选择清洁而明快的色彩为主要背景色，对缺乏透明度与纯净感的色彩要"敬而远之"。卫浴间在色彩搭配上，要强调统一性和融合感。过于鲜艳夺目的色彩不宜大面积使用，以减少色彩对人的心理冲击。色彩的空间分布应该是下部重、上部轻，以增加空间的纵深感和稳定感。常见的卫浴间用色大多是浅色或者白色，因为这些颜色让人感觉干净。这对于小面积的卫浴间尤为重要，因为浅色会显得空间大一点。

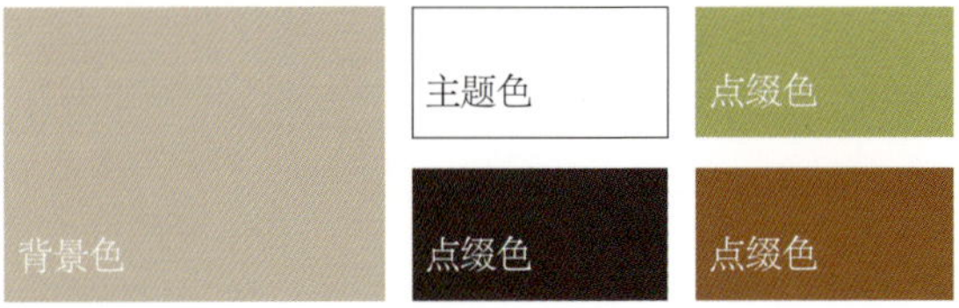

- **配色解析**

米色调为主的卫生间，一点淡绿色的加入，为空间注入活力与明快之感；花色墙砖的深浅搭配，更是有效提升了整个空间的色彩层次。

北欧风格卫浴间配色

1. 冷色系在北欧风格卫浴间中的运用

蓝色的点缀，增添色彩层次

运用浅米色与白色作为卫浴间的配色，能够很好地表现出北欧风格追求简洁、纯粹的设计理念。同时搭配高明度或高饱和度的蓝色作为点缀，能够形成很好的跳色效果。

• **配色解析**

白色与米色的搭配柔和、平稳，抢眼的蓝色与白色形成鲜明的对比，为空间注入一份活力。

关于色彩的知识

如何重复运用主题色

  同色调的搭配空间中,以主题色的重复运用效果最为鲜明,可以轻而易举地达到强化视觉的目的。可以将单一的主题色应用于墙壁、柜子、饰品等处,控制不同比例的面积;也可以采用主题色的深浅变化作为搭配,丰富视觉层次。

2. 无彩色系在北欧风格卫浴间中的运用

小型卫浴间宜以白色系为主

白色是明度最高的色彩，能给人带来是视觉上的扩张感，十分适合用于小型卫浴间。在实际操作时，可以适当地调增白色的明度，如运用米白色搭配纯白色，既能显示出色彩的层次感，又不会破坏配色的整体性。

主题色
辅助色
点缀色
点缀色
背景色

• 配色解析

小而简约的卫浴间，通过黑白的对比，体现出简约、时尚的色彩印象。

主题色
辅助色
点缀色
背景色

几何线条搭配灰色基调演绎北欧风格的时尚感

鲜明的几何线条是北欧风格装饰的另一特点,与灰色基调相搭配,使空间显得十分硬朗、时尚。在运用时可以通过调整灰色的深浅度来体现空间的层次感,此外,适当地融入一些白色可以弱化灰色调的沉寂感,增添一份明快感。

主题色

点缀色

点缀色

点缀色

3. 米色系在北欧风格卫浴间中的运用

米色让卫浴间更显温馨、简约

米色调的墙砖、地砖在卫浴间中的使用率很高，可以使空间显得温馨、简约，在北欧风格的卫浴间中，可以白色搭配米色或米黄色为主调，打造空间的开阔感与自在。

主题色

辅助色

背景色

背景色

• **配色解析**

米色与木色的搭配十分柔和，再加上白色的运用，表达出轻松、舒适的氛围。

主题色

辅助色

点缀色

背景色　点缀色

4. 明亮色彩在北欧风格卫浴间中的运用

亮暖色的点缀有助于丰富空间氛围

柠檬黄、明黄、红色、橙色等亮暖色作为空间的强调色，有助于丰富空间表情，营造出亲近的氛围，增添生活情趣。在实际操作时，可以将亮暖色运用在地垫、洗漱柜或墙面的装饰腰线中。

• 配色解析

明黄色的点缀，给黑色为主色的空间增添了暖意。

• 配色解析

橙色与黄色的跳跃感让空间的配色更加活跃。

现代简约风格卫浴间配色

1. 无彩色在现代风格卫浴间中的运用

高级灰配色演绎现代风格卫浴间的优雅格调

现代风格的卫浴间整体采用经典的高级灰配色，可以营造出冷灰系的优雅格调。在实际运用时，可以在其间点缀适量的白色、米色或棕色，在配色上形成对比，彰显现代风格简洁、大气的风格特点。

黑白色让卫浴间显得更加鲜明有个性

黑色与白色的搭配,在现代风格的色彩设计中被作为主要色调广泛运用,让室内空间不会显得狭小,反而能营造一种鲜明且富有个性的感觉。

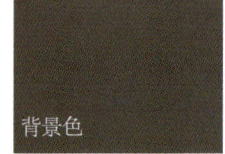

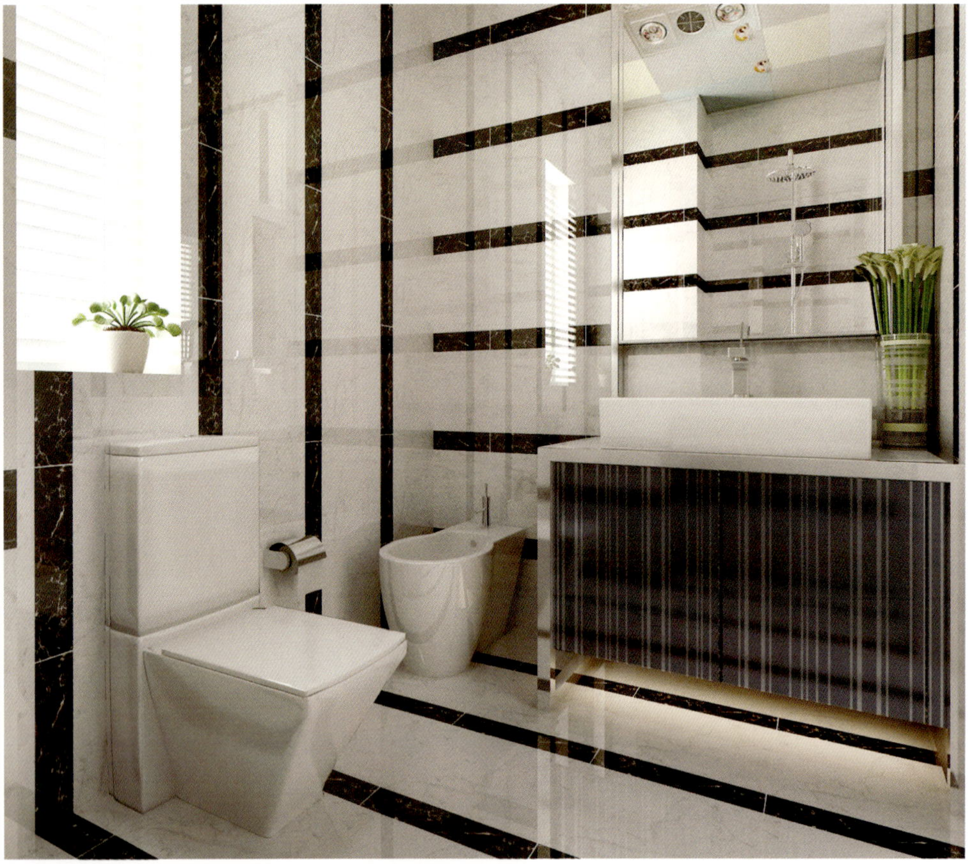

- **配色解析**

黑色与白色的对比,强烈明快,展现出现代风格的个性与品位。

2. 金属色在现代风格卫浴间中的运用

金属元素的运用彰显现代风格的时尚感

卫浴间中的金属元素主要来源于淋浴房的框架及墙饰挂件中，金属元素与白色、黑色、米色的墙砖搭配，使空间呈现出富有现代气息的时尚感，同时也让卫浴间显得温馨而又有质感。

主题色
辅助色
点缀色
点缀色　背景色

主题色
辅助色
点缀色
背景色　点缀色

• 配色解析

银色金属挂件与黑色、白色、米色的组合搭配，彰显了现代风格的时尚感。

镜面的运用让小空间得到扩张

在小面积的卫浴间内,可以采用银色镜面作为装饰,运用镜面给空间带来的扩张感来缓解局促感。在色彩搭配方面,可以利用银色作为辅助色,若搭配黑白色可营造出简洁、明快的空间氛围;若搭配米色、咖啡色等暖色,可营造出现代风格独特的温馨与个性。

• **配色解析**

银色、黑色、白色为主色的空间,尽显现代风格个硬朗、明快的色彩印象。

关于色彩的知识

如何让运用主题色更有凝聚力

在进行室内配色前,应选定风格与其相符的主题色,将主题色应用在空间的主题墙面上,如电视墙、沙发墙、卧室背景墙等,借用主题色来达到凝聚空间视觉的作用;再通过主题色的深浅和材质的变化,让人感觉到同色调主题色的层次变化。

3. 高纯度色彩在现代风格卫浴间中的运用

华丽的背景色让卫浴间的配色更有层次

以华丽的色彩作为卫浴间的背景色，可令空间充满活力。若与白色、黑色等明快的色彩相搭配，可使整个空间的色彩氛围更加明快；与米色、原木色、棕色等暖色相搭配，则使整个空间的氛围显得温馨又有个性。

主题色　辅助色　点缀色　点缀色　背景色

主题色　辅助色　点缀色　点缀色　背景色

• **配色解析**
黄色、灰色、黑色的组合运用，形成视觉上的跳跃感，彰显了现代风格的个性美。

高饱和度色彩的点缀运用

高饱和度的色彩能让空间充满活力,在运用时应注意搭配比例,亮色可作为点缀色,起到提高整个空间色彩层次的作用。

主题色	
辅助色	背景色
点缀色	
点缀色	

4. 米色系在现代风格卫浴间中的运用

米色系墙砖打造整洁干净的卫浴间

　　米色、米白色、米黄色等米色系是现代风格卫浴间中墙砖、地砖的首选色调，以米色系作为背景色，充分利用米色系的包容性与白色、黑色、灰色、咖啡色等色彩相搭配，彰显现代风格温馨、简洁的特点。

- **配色解析**

米白色与白色组合的卫浴间，简洁中带有一份柔和的舒适感。

主题色	
点缀色	
点缀色	
点缀色	背景色

• 配色解析

米黄色为主，与白色的反差很小，整体显得柔和、淡雅。

背景色	主题色
	主题色

中式风格卫浴间配色

主题色

主题色

辅助色

点缀色

背景色

- **配色解析**

暗暖色为主,再用中式传统元素点缀,体现古朴、雅致的色彩印象。

1. 红色在中式风格卫浴间中的运用

红色软装元素烘托出中式风格的韵味

在中式风格的卫浴间中,可将红色运用于灯饰、工艺品摆件、地垫、窗帘、花艺等软装元素,以点缀色出现在卫浴间中,烘托出中式家居古典温馨、明快雅致的特点。

主题色

辅助色

点缀色

点缀色

背景色

- **配色解析**

一点红色的运用,具有特别的效果,强有力地渲染出中式格调。

主题色
辅助色
点缀色
背景色
点缀色

背景色
主题色
点缀色
背景色

• **配色解析**

红棕色的木质家具与白色洁具的对比强烈,传达出简洁、明快的中式色彩印象。

关于色彩的知识

如何正确选择主题色

进行多色调配色时,同一空间内的颜色不要超过3种。主题色不宜选择过于鲜艳、刺眼的颜色,要注重整体空间的和谐感。搭配的颜色最好不要一种颜色过于抢眼,而另一种颜色又十分沉稳,最好在明度与饱和度上相互协调,以确保颜色的秩序美。

2. 棕色系在中式风格卫浴间中的运用

木质家具的运用

在中式风格配色中，习惯运用深棕色、浅棕色、茶色及浅茶色等棕色系来营造空间的厚重感与亲切感。卫浴间中可采用棕色系为配色中心，若要避免大面积使用给空间带来的厚重感，可以与白色搭配使用，既能保证空间配色的层次感，又不至于太过沉闷。

3. 无彩色在中式风格卫浴间中的运用

白色与黑色、灰色的搭配

相比红色与黄色的雍容华贵，白色与灰色相搭配则给人带来一种小家碧玉的朴素与雅致。白色+黑色或灰色的配色手法在运用时比较随意，不受空间大小的限制，可以以任意一种色彩为主题色，而以另一种色彩为辅助色。若想为空间增添一些活力，可适当融入一些黄色、红色或绿色作为点缀；若想增添空间的厚重感，则可加入棕色、茶色等大地色系。

• 配色解析

白色、灰色和黑色是新中式风格经常出现的色彩，搭配硬朗的线条，表现出新中式风格整齐、简洁的特点。

+ 卫浴间　183

主题色

背景色

• 配色解析

黑色边框的运用，提升了空间的色彩层次，同时也增强了设计的整体感。

4. 米色系在中式风格卫浴间中的运用

米色与咖啡色或棕色打造亲切淳朴的氛围

米色、咖啡色与棕色可谓是中式风格中最常见的色彩。在卫浴间中，以米色作为墙面、地面的主色调，而棕色或咖啡色可作为辅助色用在小型家具上，也可以作为点水色运用在地面及墙面的装饰线上，塑造出具有亲切、淳朴的家居环境。

• 配色解析

米色与棕色的搭配，过渡柔和，给人以舒适、温馨之感。

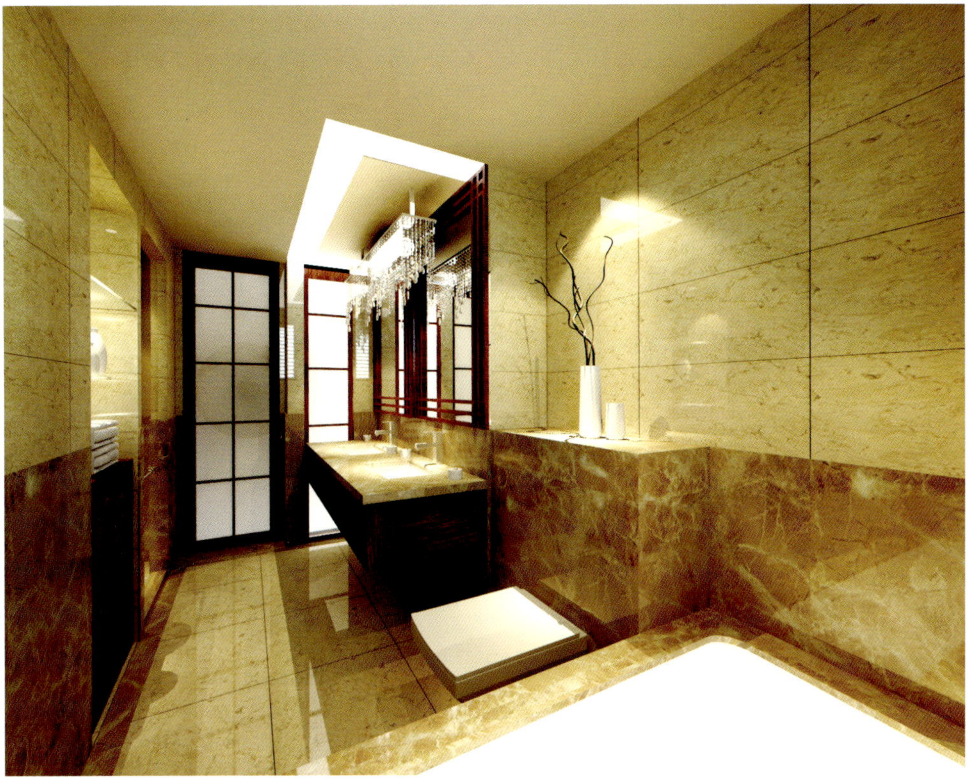

• 配色解析

米色与咖啡色的搭配，整体感觉十分亲切、舒适，上浅下深的搭配风格也使空间重心更加稳固。

5 华丽色彩在中式风格卫浴间中的运用

饱满的色彩让中式风格卫浴间更有意境

传统中式风格的卫浴间配色通常是以米色、白色、棕色、咖啡色等较为沉稳的色彩进行搭配,同时可以适当地融入一些饱满的色彩进行点缀,使空间的层次感达到意境深远的效果,更凸显惬意的气质。

• **配色解析**

色彩浓郁、饱满的装饰画,体现了传统中式风格华丽的色彩效果。

欧式风格卫浴间配色

主题色

辅助色

点缀色

点缀色

背景色

1. 白色系在欧式风格卫浴间中的运用

白色系为主色的卫浴间更显质感

  透亮的白色作为卫浴间的主色，呈现出硬装与软装的强烈质感，是现代欧式风格中的经典配色手法。通过利用灯光与石材纹理的虚实对比，彰显了现代欧式风格空间的简洁、大气，体现了色彩层次的美感。

主题色

辅助色

点缀色

点缀色

背景色

- **配色解析**

整个卫浴间以白色为主，可以通过灯光的色彩来凸显层次。

欧式风格中的黑白对比配色

黑白配色色彩十分具有现代感，鲜明的对比，营造出一个简洁、时尚的空间氛围，这种配色手法在现代欧式风格的卫浴间中也同样适用。在运用时，应根据卫浴间的面积大小来决定黑白两色的实用比例，如若融入少量的金色、棕色、咖啡色作为点缀，则可以使黑白两色的搭配显得更加有层次感、松紧有度。

• **配色解析**
黑色与浅灰白色的对比，鲜明又不乏柔和之感，体现出低调、内敛的色彩印象。

2. 米色系在欧式风格卫浴间中的运用

米色系为主题色打造端庄、舒适的卫浴间

　　浅米色、米白色、米黄色等米色系是欧式风格中最端庄、最舒适的颜色，运用不同明度、饱和度的米色系作为卫浴间的主色，能够形成同色之间丰富的视觉变化，让整个空间的氛围更加温馨，设计更有整体感。

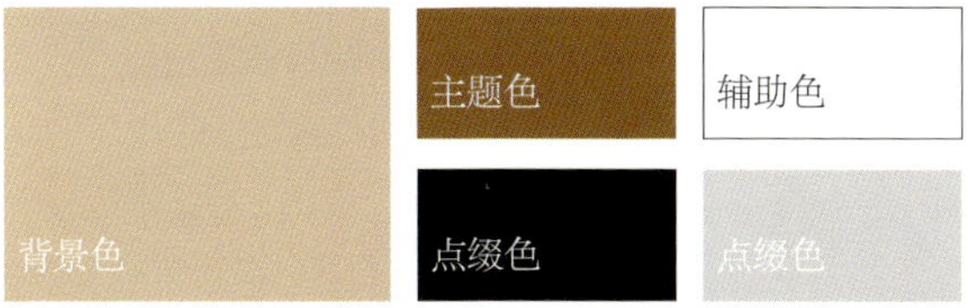

| 背景色 | 主题色 | 辅助色 | 点缀色 | 点缀色 |

· 配色解析

通过不同饱和度的米色进行组合配色，彰显了欧式风格温馨、低调的美感。

背景色	主题色	辅助色
	点缀色	点缀色

· **配色解析**

米色为主的配色空间内，深咖啡色的运用使色彩的层次更加突出。

关于色彩的知识

如何正确使用相近色

将相近色使用在局部装饰上，如抱枕、窗帘、床品等处，以此可以更加有效地衬托出主题色。同时要注意局部色彩的明度和亮度需保持好，落差对比不要太过强烈，否则会导致颜色过多，从而失去同色调应有的和谐感。

3. 大地色系在欧式风格卫浴间中的运用

大地色系演绎古典欧式风格的沉稳

大地色系是最能表现古典欧式风格沉稳、大气的色彩之一。在古典风格的卫浴间中，运用无彩色系、米色系与大地色系搭配是最经典的配色手法。例如，采用米色作为背景色，大地色系作为主题色，再融入一些白色、黑色或金色作为点缀，既能打破大地色系的沉闷感，又能凸显配色层次，彰显古典欧式风格的贵族气息。

主题色	
主题色	
背景色	背景色

• **配色解析**

将重色用于墙面下部，很好地增添了空间的稳重感。

• **配色解析**

上浅下深的配色，表现出古典欧式的沉稳与厚重，再搭配白色进行调节，配色效果更加舒适。

4 金色在欧式风格卫浴间中的运用

金色体现古典欧式的奢华

在欧式风格的卫浴间中，使用金色作为点缀色，可以让整个空间充满贵族气息。在运用时，应格外注意整体性，不光要体现古典欧式的奢华，更要讲求色彩运用的呼应；此外要尽量选择与金色相协调的颜色与之搭配，如棕色、白色等颜色。

- **配色解析**

金色的点缀使欧式风格的奢华感更加强烈，也展现出古典风格韵味。

- **配色解析**

大量的金色运用于家具、吊顶，彰显了空间设计的整体感及色彩搭配的层次感。

5. 华丽色彩在欧式风格卫浴间中的运用

华丽色彩打造卫浴间的奢华气度

充满贵族气质的卫浴间中,可选用高明度、高饱和度的色彩进行装饰,能够彰显空间配色的华丽感。运用时,可将奶白色、米白色、暖白色作为空间的背景色,利用它们的包容性来缓解高明度色彩所产生的视觉冲击感,让整体配色更加和谐。

主题色

主题色

辅助色

背景色

• 配色解析

粉红色的运用,为空间增添了一份浪漫感,同时也体现了欧式风格奢华的色彩印象。

主题色

辅助色

点缀色

点缀色

背景色

地中海风格卫浴间配色

主题色
辅助色
点缀色
点缀色
背景色

1. 蓝色在地中海风格卫浴间中的运用

蓝色基调营造地中海风格的平和与安稳

若想营造一种平和、稳定、安全的空间氛围,卫浴间在配色时,可选用蓝色作为地面和部分墙面主色,再搭配米色、白色或其他色彩的修饰与点缀,增加了色彩的层次,使原本单调的卫浴间多了份自由、随性的艺术气息。

主题色
辅助色
点缀色
背景色　点缀色

- **配色解析**

蓝色的运用营造出一个平和、稳定的色彩印象。

- **配色解析**

蓝色与白色的对比，简洁、明快，充满了休闲、舒适的感觉。

背景色	主题色	主题色
	点缀色	点缀色

关于色彩的知识

多色调的点缀使用法

多色调空间的用色不必一味求多，也能将颜色搭配出趣味。可以通过将色彩运用在小家具、家居饰品、布艺抱枕等元素上，因为它们的大小、造型、材质都不同，再通过不同颜色的衬托，便可以很好地营造出丰富、热闹、有趣的空间氛围。

蓝色与白色搭配出小空间的洁净与明亮

地中海风格中对蓝色的运用千变万化，对于面积较小的卫浴间，可选用蓝色作为辅助色或点缀色，再与白色或米白色进行配色，蓝白相间，诠释出属于地中海风格的洁净与明亮。

| 主题色 |
| 主题色 |
| 点缀色 |

| 主题色 |
| 点缀色 |
| 点缀色 |
| 点缀色 | 背景色 |

2. 绿色在地中海风格卫浴间中的运用

调整绿色的明度来突出色彩层次

地中海风格中的绿色通常是明度较低的茶绿色、棕绿色、黄绿色等。在实际操作时,可以通过调整绿色的明度来体现色彩的层次,营造出一个整体氛围都颇显沧桑、充满历史厚重感的空间。

- **配色解析**

绿色与白色的组合,传达出活力与休闲感,搭配米黄色更显舒适。

3. 大地色系在地中海风格卫浴间中的运用

大地色系与蓝色的组合运用

大地色系与蓝色的搭配是地中海风格装饰中的另一经典配色方案，它同时兼备了亲切感与清新感。在配色时，若使用蓝色作为主题色，则能使空间更具有稳重感；若以大地色作为主题色，则令空间更加亲切、自然。

背景色	主题色	辅助色
	点缀色	点缀色

• 配色解析

沉稳的大地色组合，具有典型的自然美感，打造出坚定、稳重的色彩印象。

主题色

点缀色

点缀色

背景色

背景色

4 白色在地中海风格卫浴间中的运用

白色搭配不同明度的暖色

白色加高明度的暖色，能够展现出甜美、浪漫的色彩印象；而白色加低明度的暖色，则能够展现出淡雅、朴实之感。相比之下，高明度的暖色更适用于女性空间，而低明度的暖色则适用于老人房及男性空间。

- **配色解析**

高饱和度的粉红色具有特别的效果，是一种很有力量的颜色，也创造出具有女性特点的空间氛围。

| 主题色 |
| 辅助色 |
| 点缀色 |
| 点缀色 | 背景色 |

• **配色解析**

暗暖色与白色的搭配，体现出典雅、淳朴的色彩印象。

| 主题色 |
| 主题色 |
| 点缀色 |
| 点缀色 |
| 背景色 |

美式风格卫浴间配色

1. 大地色系在美式风格卫浴间中的运用

大地色系与浅色调的搭配让卫浴间更显舒适

同样是以大地色作为主色，将白色、米白色、浅米色等浅色调与其组合运用，很能体现出美式风格自然、舒适的特点。美式风格中的大地色系既能体现空间色彩的层次感，又能演绎美式风格拒绝单调的配色特点。

· 配色解析

白色的调节，让以大地色为主色的空间显得格外柔和。

- 配色解析

沉稳的大地色为浅色调为主的卫浴间增添了一份厚重感。

2 白色系在美式风格卫浴间中的运用

白色系让美式风格卫浴间更显舒适

现代美式风格中惯用白色系作为卫浴间的主题色，再通过光影的作用，增强相近颜色中不同材质的肌理变化，依靠这些细微的变化来体现配色的层次感，能让卫浴间的整体氛围更显舒适；此外，也可以适当地加入一些深色增强空间的稳定性。

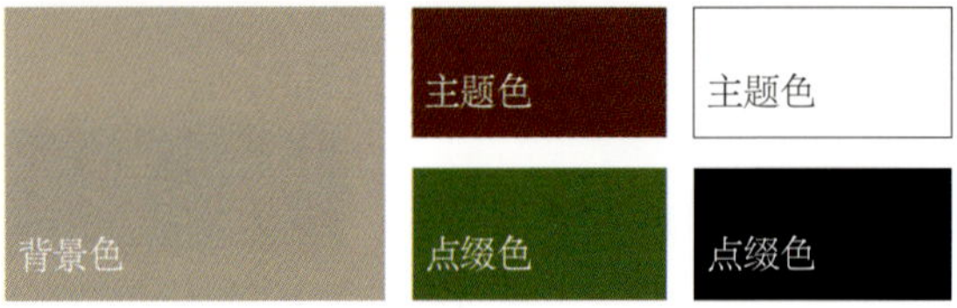

- **配色解析**

利用白色与米色微弱的反差,体现和谐、舒适的色彩印象。

背景色	主题色	主题色
	点缀色	点缀色

关于色彩的知识

深色调的正确使用

深色调空间配色的主题色大多会选择低明度、高饱和度的颜色,很容易给人带来压抑感,因此可以在搭配上进行适当留白处理。一来白色可以与任何颜色产生对比,从而增添空间活力;二来可以让视线更容易凝聚在深色调上。

3. 米色系在美式风格卫浴间中的运用

跳跃色的加入让米色与棕色的搭配更加舒适

米色与棕色是古典美式风格家居中最经典的配色。在卫浴间的配色中如果过度地追求米色与棕色的配色，会给空间带来沉闷之感。可以在洁具或其他陈设中融入一点白色、黑色、绿色等比较跳跃的色彩，能有效地提升空间配色的舒适度。

- **配色解析**

精美的花艺让整个空间的色彩层次更加分明，增添了一份活跃感。

主题色

主题色

主题色

点缀色

背景色

- **配色解析**

黑色的运用与米色形成对比，稳定了整个空间的重心，打造坚实、厚重的色彩印象。

主题色

背景色

主题色

4. 多彩色在美式风格卫浴间中的运用

卫浴间中多色彩的表现手法

丰富多彩的软装元素最能提升空间色彩层次，但是在卫浴间中往往不会有过多的软装元素，我们可以通过定制的墙砖、地砖、生活用品、装饰画或花卉植物等作为点缀色，来实现提升空间色彩层次的目的，让卫浴间显得更加温馨、舒适。

• **配色解析**

多种色彩的小面积点缀，营造出十分明朗、活力的氛围。

| 主题色 |
| 主题色 |
| 点缀色 |
| 点缀色 |
| 背景色 |

田园风格卫浴间配色

- 主题色
- 辅助色
- 点缀色
- 点缀色
- 背景色

• **配色解析**

黄绿色与白色搭配出田园风格的亲切与自然气息。

1. 绿色在田园风格卫浴间中的运用

绿色与其他色彩的组合应用

任何空间的配色都不会只有一种色彩,卫浴间也不例外。在进行田园风格卫浴间的色彩设计时可采用绿色搭配米色或白色,使空间显得更加清新、舒畅;若与棕色搭配,则显得更加自然、舒适。此外,还可以根据空间面积的大小来选择绿色的明度与饱和度。

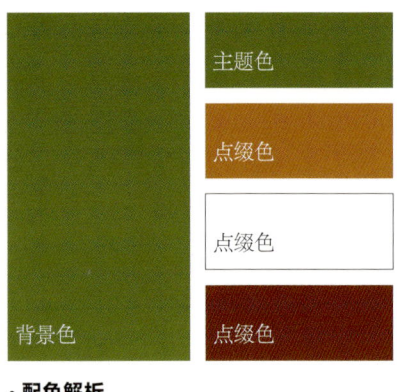

主题色

点缀色

点缀色

背景色 点缀色

• **配色解析**

绿色为主色的空间内，木色的运用让空间更显柔和，自然感十足。

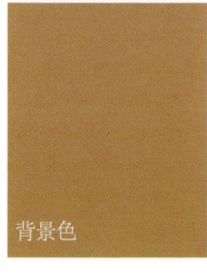

主题色

主题色

点缀色

点缀色

背景色

2. 大地色在田园风格卫浴间中的运用

田园风格卫浴间更适合浅色调的大地色

　　田园风格卫浴间中所用到的大地色系主要有浅棕色、浅咖啡色、浅茶色等浅色调的颜色，它们是最能体现乡村田园风格韵味的色彩。在实际运用时，建议遵循上浅下深的配色原则，以保证空间基调的稳重感与舒适度。

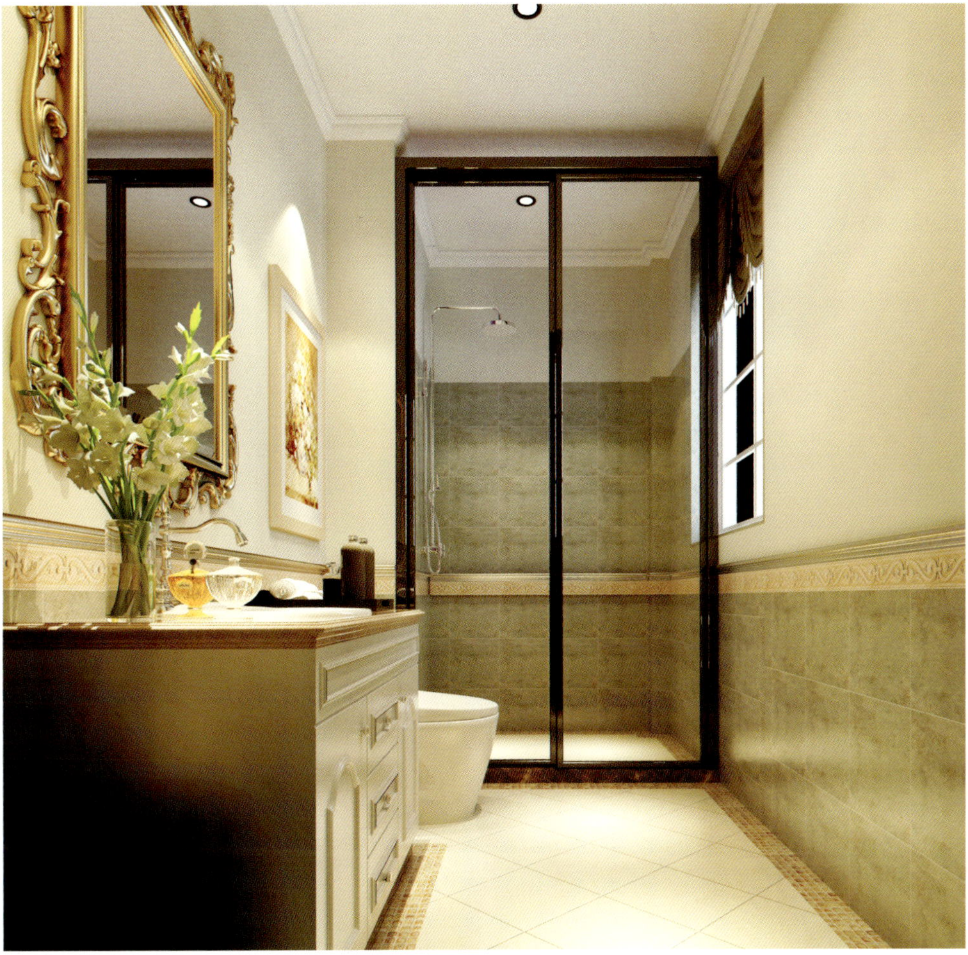

• **配色解析**

浅色调的大地色打造柔和、舒适的空间氛围，很好地表现出田园风格淡雅、细腻的色彩印象。

主题色

主题色

点缀色

点缀色

背景色

• 配色解析

浅大地色系组合出柔和、舒适的空间氛围，展现了田园风格细腻的美感。

关于色彩的知识

深浅过渡搭配可以避免压抑感

　　大量的深色很容易让人产生压抑感，可以通过调整颜色的深浅来缓解过多深色带来的尴尬局面。如沙发采用深色调，沙发的背景墙面便可以选择较浅的深色调，或同一颜色明度相对高一些的来进行搭配，形成前深后浅的色彩落差感，便能有效缓解压抑感。

3. 米色系在田园风格卫浴间中的运用

米色与其他彩色的跳跃搭配

以米色系作为背景色是卫浴间中最为保守、最安全的配色手法。为了使色彩搭配不会显得过于单调，可以在配色时做一些跳色处理，适当地加入一种或两种，如黑色、白色、蓝色或绿色等比较醒目的颜色，就可以打破空间的单调感，为田园风格卫浴间注入一份活力。

背景色 | 主题色 | 点缀色 | 点缀色

主题色 | 点缀色 | 点缀色 | 点缀色 | 背景色

4. 白色系在田园风格卫浴间中的运用

白色为配色中心，烘托出田园风格的洁净美

与米色所营造的柔和感有所不同，白色所打造出的是田园风格洁净的美感。以白色作为卫浴间的背景色或主题色，无论以任何颜色相搭配，都能表现出活泼、干净、明快的氛围。

| 主题色 |
| 点缀色 |
| 点缀色 |
| 点缀色 |
| 背景色 |

附录-不同风格的色彩搭配特点

1.北欧风格配色特点

北欧风格善用原木色与黑色、白色、灰色、绿色、蓝色等多种色彩进行搭配,整体配色活泼、明亮,给人以干净明朗的感觉。

北欧风格用色

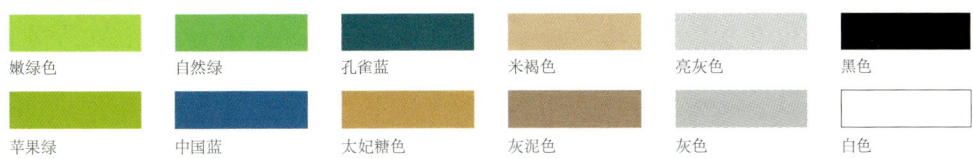

2.现代简约风格配色特点

现代简约风格具有现代的特色,其装饰体现功能性和实用性,在简单的设计中,也可以感受到个性的构思。色彩经常以白色、灰色、黑色为主,可以以饱和度较高的色彩作为跳色,也可以选用一组对比强烈的色彩来进行点缀,以彰显空间的个性。

现代简约风格用色

3.中式风格配色特点

古典中式风格主要以代表喜庆与吉祥的红色、黄色、蓝色作为主要色调;而新中式风格则以黑、白、灰三色组合或与大地色进行搭配组合,以营造出一个典雅、素净的风格空间。

中式风格用色

4.欧式风格配色特点

传统欧式风格给人古朴、厚重、宽大的感觉,充分利用金色、银色、咖啡色、红色、紫色等华丽色彩,来营造高雅、奢华的空间氛围;新欧式风格是将传统欧式风格进行简化,以白色、金属色、暗暖色最为常见,力求一种素雅、轻奢的空间氛围。

欧式风格用色

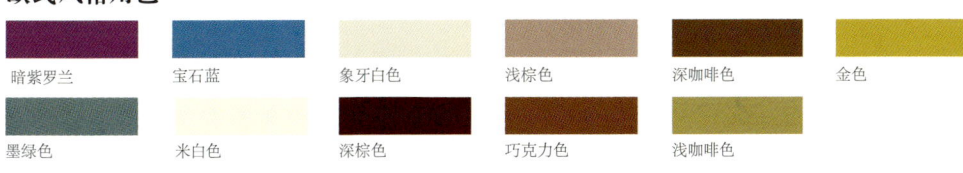

5.地中海风格配色特点

地中海风格源于希腊海域,以粗犷的肌理、夸张的线条与花草藤蔓的围绕作为体现古朴原始风貌的重要手段。其色彩一方面以蓝白色调相搭配,能给人带来一种干净而又清爽的感觉;另一方面则充分运用大地色系,来演绎沉稳低调的风格韵味。

地中海风格用色

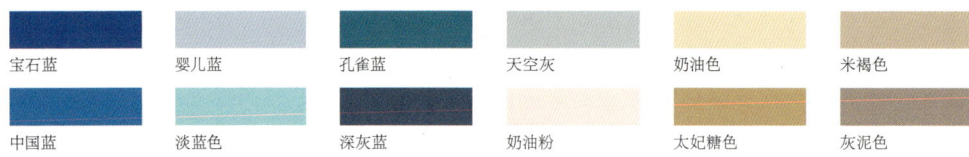

6.美式风格配色特点

美式风格有传统美式与新美式之分,传统美式风格多以茶色、咖啡色、浅褐色等大地色系作为主色,通过相近色进行呼应,使空间展现出和谐、舒适、稳重的氛围;而新美式风格则通常以暖白色或粉色系等干净的色调为主,再搭配灰色、黑色或咖啡色等素雅内敛的颜色作为第二主色,营造出鲜明、利落、时尚的空间氛围。

美式风格用色

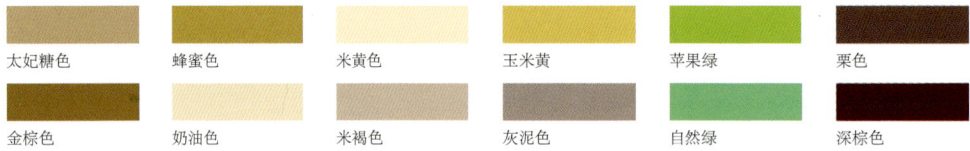

7.田园风格配色特点

清新、舒适,没有压力是田园风格给人最大的感受,因此,以和谐不突兀为首要配色原则,取材自然,利用同一色相中的2~3种色彩进行搭配,然后再选择一种深色或浅色进行点缀,以彰显活力与自然的气息。

田园风格用色